高职高专土建类专业规划教材

GAOZHI GAOZHUAN TUJIANLEI ZHUANYE GUIHUA JIAOCAI

# 工程造价基础

主　编　叶晓容

副主编　杜丽丽　陈艳燕

中国电力出版社

CHINA ELECTRIC POWER PRESS

## 内 容 提 要

本书为高职高专土建类专业规划教材。本书从初学者角度出发，从工程造价专业基本认知、建设工程定额的编制与应用、工程计价方式、工程造价职业道德等方面对工程造价专业进行了全面的介绍。全书语言精练、理论联系实际，可作为工程造价、工程管理、建筑经济管理等专业教材，也可供自学和相关专业人员参考。

**图书在版编目（CIP）数据**

工程造价基础/叶晓容主编．—北京：中国电力出版社，2014.1（2018.9重印）
高职高专土建类专业规划教材
ISBN 978-7-5123-5227-8

Ⅰ.①工…  Ⅱ.①叶…  Ⅲ.①工程造价-高等职业教育-教材  Ⅳ.①TU723.3

中国版本图书馆 CIP 数据核字（2013）第 280279 号

中国电力出版社出版、发行
（北京市东城区北京站西街 19 号　100005　http：//www.cepp.sgcc.com.cn）
责任编辑：王晓蕾　　责任印制：郭华清　　责任校对：太兴华
北京天宇星印刷厂印刷·各地新华书店经售
2014 年 1 月第 1 版·2018 年 9 月第 3 次印刷
787mm×1092mm　1/16·9.5 印张·224 千字
定价：28.00 元

# 前　　言

目前，工程造价已经成为土建类高职高专教育中的主要专业之一，专业学习的人数不断增加，教学要求越来越高。对众多初学者而言，缺乏对工程造价专业的基本认知是一个共有特征，以往的教材难以满足这方面的需求。为此，本书从初学者角度出发，结合高职高专教学改革要求，从工程造价专业基本认知、建设工程定额的编制与应用、工程计价方式、工程造价职业道德等方面对工程造价专业进行了全面的介绍，帮助其加深专业认知，为后期的核心专业课程学习打下坚实基础。本书既可作为工程造价、工程管理、建筑经济管理等专业教材，也可供自学和相关专业人员参考。

本书由湖北城市建设职业技术学院陈艳燕编写第 1 章、第 2 章，叶晓容编写第 3 章、第 4 章，杜丽丽编写第 5 章、第 6 章，田海玉、方晶编写第 7 章。全书由叶晓容任主编，负责统稿、修改并定稿。

由于编者水平有限，书中难免有疏漏和不妥之处，敬请有关专家广大读者批评指正。

编　者

# 目　　　录

# 第1章　工程造价概述

📚本章学习目标

1. 了解建设工程、建设项目的概念和建设项目的建设程序，理解工程造价的涵义。

2. 熟悉并掌握建设项目的分类构成和工程造价的构成以及我国现行建筑安装工程费用构成。

3. 了解工程造价管理的含义和我国现行的工程造价管理体制和管理组织以及工程造价咨询业的管理，熟悉工程造价管理的管理内容。

## 1.1　建设工程概述

### 1.1.1　建设工程涵义

工程建设是人类有组织、有目的、大规模的经济活动之一。工程建设的物质形态表现为具体的建设项目，其经济形态表现为工程建设过程中所消耗资源的价值。

建设工程是指建造新的或改造原有的固定资产，它是固定资产再生产过程中形成的综合生产能力或发挥工程效益的工程项目。

建设工程的特定含义是通过"建设"来形成新的固定资产。单纯的固定资产购置，如购进商品房屋，购进施工机械，购进车辆、船舶等，一般不视为建设工程。建设工程是建设项目从预备、筹建、勘察设计、设备购置、建筑安装、试车调试、竣工投产，直到形成新的固定资产的全部工作。

### 1.1.2　建设项目

建设项目是指在一个总体规划或设计的范围内，实行统一施工、统一管理、统一核算的工程，它往往由一个或几个单项工程所组成。在我国，通常以建设一个企事业单位或一个独立工程作为一个建设项目。

建设项目的实施单位一般称为建设单位。国家投资的经营性基本建设大中型项目，在建设阶段实行建设项目法人负责制，由项目法人单位实行统一管理。

### 1.1.3　建设项目分类

1. 按建设性质划分

（1）新建项目。新建项目是指根据国民经济和社会发展的近远期规划，按照规定的程序立项，从无到有、"平地起家"建设的工程项目。或对原有项目重新进行总体规划和设计，扩大建设规模后，其新增固定资产价值超过原有固定资产价值三倍以上的建设项目。

（2）扩建项目。扩建项目是指现有企事业单位在原有场地内或其他地点，为扩大产品的生产能力或增加经济效益而增建的生产车间、独立的生产线或分厂的项目；事业和行政单位在原有业务系统的基础上扩充规模而进行的新增固定资产投资项目。

（3）改建项目。改建项目是指原有企业为了提高生产效益，改进产品质量或调整产品结构，对原有设备或工程进行改造的项目。有的企业为了平衡生产能力，需增建一些附属、辅助车间或非生产性工程，也可列为改建项目。

（4）迁建项目。迁建项目是指原有企业、事业单位，根据自身生产经营和事业发展的要求，按照国家调整生产力布局的经济发展战略的需要或出于环境保护等其他特殊要求，搬迁到异地而建设的项目。

（5）恢复项目。恢复项目是指原有企业、事业和行政单位，因在自然灾害或战争中使原有固定资产遭受全部或部分报废，需要进行投资重建来恢复生产能力和业务工作条件、生活福利设施等的工程项目。这类项目，不论是按原有规模恢复建设，还是恢复过程中同时进行扩建，都属于恢复项目。但对尚未建成投产或交付使用的项目，受到破坏后，若仍按原设计重建的，原建设性质不变；如果按新设计重建，则根据新设计内容来确定其性质。

工程项目按其性质分为上述五类，一个工程项目只能有一种性质。在项目按总体设计全部建成以前，其建设性质始终不变。

2. 按投资作用划分

（1）生产性工程项目。生产性工程项目是指直接用于物质资料生产或直接为物质资料生产服务的工程项目。主要包括工业建设项目、农业建设项目、基础设施建设项目、商业建设项目。

（2）非生产性工程项目。非生产性工程项目是指用于满足人民物质和文化、福利需要的建设和非物质资料生产部门的建设项目。主要包括办公用房、居住建筑、公共建筑、其他工程项目。

3. 按项目规模划分

基本建设项目可分为大型项目、中型项目、小型项目；更新改造项目分为限额以上项目、限额以下项目。基本建设大中小型项目按项目的建设总规模或总投资来确定。习惯上，将大型和中型项目合称为大中型项目。新建项目按项目的全部设计规模（能力）或所需投资（总概算）计算；扩建项目按扩建新增的设计能力或扩建所需投资（扩建总概算）计算，不包括扩建以前原有的生产能力。但是，新建项目的规模是指经批准的可行性研究报告中规定的近期建设的总规模，而不是指远景规划所设想的长远发展规模。明确分期设计、分期建设的，应按分期规模来计算。基本建设项目大中小型划分标准是国家规定的。按总投资划分的项目，能源、交通、原材料工业项目5000万元以上，其他项目3000万元以上作为大中型，在此标准以下的为小型项目。

4. 按项目的经济效益、社会效益和市场需求划分

（1）竞争性项目。竞争性项目主要是指投资效益比较高、竞争性比较强的工程项目。其投资主体一般为企业，由企业自主决策、自担投资风险。

（2）基础性项目。基础性项目主要是指具有自然垄断性、建设周期长、投资额大而收益低的基础设施和需要政府重点扶持的一部分基础工业项目，以及直接增强国力的符合经济规模的支柱产业项目。政府应集中必要的财力、物力通过经济实体进行投资。同时，还应广泛吸收企业参与投资，有时还可吸收外商直接投资。

（3）公益性项目。公益性项目主要包括科技、文教、卫生、体育和环保等设施，公、检、法等政权机关以及政府机关、社会团体办公设施，国防建设等。公益性项目的投资主要由政府用财政资金安排。

5. 按项目的投资来源划分

（1）政府投资项目。政府投资项目在国外也称为公共工程，是指为了适应和推动国民经济或区域经济的发展，满足社会的文化、生活需要，以及出于政治、国防等因素的考虑，由政府通过财政投资、发行国债或地方财政债券、利用外国政府赠款以及国家财政担保的国内外金融组织的贷款等方式独资或合资兴建的工程项目。

按照其盈利性不同，政府投资项目又可分为经营性政府投资项目和非经营性政府投资项目。经营性政府投资项目是指具有盈利性质的政府投资项目，政府投资的水利、电力、铁路等项目基本都属于经营性项目。经营性政府投资项目应实行项目法人责任制，由项目法人对项目的策划、资金筹措、建设实施、生产经营、债务偿还和资产的保值增值，实行全过程负责，使项目的建设与建成后的运营实现一条龙管理。

非经营性政府投资项目一般是指非盈利性、主要追求社会效益最大化的公益性项目。学校、医院以及各行政、司法机关的办公楼等项目都属于非经营性政府投资项目。非经营性政府投资项目应推行"代建制"，即通过招标方式，选择专业化的项目管理单位负责建设实施，严格控制项目投资、质量和工期，待工程竣工验收后再移交给使用单位，从而使项目的"投资、建设、监管、使用"实现四分离。

（2）非政府投资项目。非政府投资项目是指企业、集体单位、外商和私人投资兴建的工程项目。这类项目一般均实行项目法人责任制，使项目的建设与建成后的运营实现一条龙管理。

### 1.1.4　建设项目构成

1. 单项工程

单项工程是指具有独立的设计文件、在竣工后可以独立发挥效益或生产能力的产品车间生产线或独立工程。单项工程是建设项目的组成部分，单项工程又由若干单位工程组成。

一个建设项目可以包括若干个单项工程，例如新建一个工厂的建设项目，其中的各个生产车间、辅助车间、仓库、住宅等工程都是单项工程。有些比较简单的建设项目本身就是一个单项工程，例如只有一个车间的小型工厂。一个建设项目在全部建成投入使用以前，往往陆续建成若干个单项工程，所以单项工程是考核投产计划完成情况和计算新增生产能力的基础。

2. 单位工程

单位工程是指不能发挥生产能力，但是具有独立的施工图纸和组织施工的工程。例如，工业建筑物的土建工程是一个单位工程，而安装工程又是一个单位工程。单位工程一般是进行成本核算的对象。单位工程是单项工程的组成部分，单位工程又由若干个分部工程组成。

3. 分部工程

分部工程是指按照单位工程的各个部位由不同工种的工人利用不同的工具和材料完成的部分工程，如土石方工程、桩基础工程、砖石工程、钢筋混凝土工程等。分部工程是单位工程的组成部分，分部工程又由若干个分项工程组成。

4. 分项工程

分项工程是指将分部工程进一步更细地划分为若干部分。如土方工程划分为基槽挖土、土方运输、回填土等分项工程。分项工程是分部工程的组成部分。

分项工程是能通过较简单的施工过程生产出来、可以用适当的计量单位计算并便于测定或计算其消耗的工程基本构成要素。在工程造价管理中，将分项工程作为一种"假想的"建筑安装工程产品。在施工管理中，编制预算、计划用料分析、编制施工作业计划、统计工程量完成情况、成本核算等方面都是不可缺少的。

它们之间的顺序关系如图1-1所示。

图1-1 建设项目基本构成

### 1.1.5 工程建设程序

工程项目建设程序是指工程项目从策划、评估、决策、设计、施工到竣工验收、投入生产或交付使用的整个建设过程中各项工作必须遵循的先后工作次序。工程项目建设程序是工程建设过程客观规律的反映，是建设工程项目科学决策和顺利进行的重要保证。工程项目建设程序是人们长期在工程项目建设实践中得出来的经验总结，不能任意颠倒，但可以合理交叉。工程建设程序如图1-2所示。

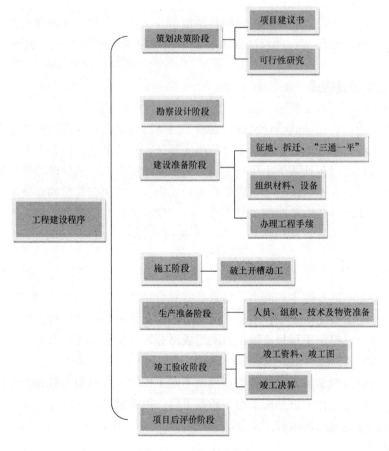

图1-2 工程建设程序

1. 策划决策阶段

决策阶段又称为建设前期工作阶段，主要包括编报项目建议书和可行性研究报告两项工作内容。

（1）项目建议书。对于政府投资工程项目，编报项目建议书是项目建设最初阶段的工作。其主要作用是为了推荐建设项目，以便在一个确定的地区或部门内，以自然资源和市场预测为基础，选择建设项目。项目建议书经批准后，可进行可行性研究工作，但并不表明项目非上不可，项目建议书不是项目的最终决策。

（2）可行性研究。可行性研究是在项目建议书被批准后，对项目在技术上和经济上是否可行所进行的科学分析和论证。根据《国务院关于投资体制改革的决定》（国发〔2004〕20号），对于政府投资项目须审批项目建议书和可行性研究报告。《国务院关于投资体制改革的决定》指出，对于企业不使用政府资金投资建设的项目，一律不再实行审批制，区别不同情况实行核准制和登记备案制。对于《政府核准的投资项目目录》以外的企业投资项目，实行备案制。

2. 勘察设计阶段

（1）勘察过程。复杂工程分为初勘和详勘两个阶段，为设计提供实际依据。

（2）设计过程。设计过程一般划分为两个阶段，即初步设计阶段和施工图设计阶段，对于大型复杂项目，可根据不同行业的特点和需要，在初步设计后增加技术设计阶段。初步设计是设计的第一步，如果初步设计提出的总概算超过可行性研究报告投资估算10%以上或其他主要指标需要变动时，要重新报批可行性研究报告。初步设计经主管部门审批后，建设项目被列入国家固定资产投资计划，方可进行下一步的施工图设计。施工图一经审查批准，不得擅自进行修改，必须重新报请原审批部门，由原审批部门委托审查机构审查后再批准实施。

3. 建设准备阶段

建设准备阶段主要内容包括：组建项目法人、征地、拆迁、"三通一平"乃至"七通一平"；组织材料、设备订货；办理建设工程质量监督手续；委托工程监理；准备必要的施工图纸；组织施工招投标，择优选定施工单位；办理施工许可证等。按规定作好施工准备，具备开工条件后，建设单位申请开工，进入施工安装阶段。

工程投资额在30万以下或建筑面积在300m² 以下的建筑工程，可以不申请办理施工许可证。

4. 施工阶段

建设工程具备了开工条件并取得施工许可证后方可开工。项目新开工时间，按设计文件中规定的任何一项永久性工程第一次正式破土开槽时间而定。不需开槽的以正式打桩作为开工时间。铁路、公路、水库等以开始进行土石方工程作为正式开工时间。

5. 生产准备阶段

对于生产性建设项目，在其竣工投产前，建设单位应适时地组织专门班子或机构，有计划地做好生产准备工作，包括招收、培训生产人员；组织有关人员参加设备安装、调试、工程验收；落实原材料供应；组建生产管理机构，健全生产规章制度等。生产准备是由建设阶段转入经营的一项重要工作。

6. 竣工验收阶段

工程竣工验收是全面考核建设成果、检验设计和施工质量的重要步骤，也是建设项目转入生产和使用的标志。验收合格后，建设单位编制竣工决算，项目正式投入使用。

7. 项目后评价阶段

建设项目后评价是工程项目竣工投产、生产运营一段时间后，对项目的立项决策、设计施工、竣工投产、生产运营等全过程进行系统评价的一种技术活动，是固定资产管理的一项重要内容，也是固定资产投资管理的最后一个环节。

## 1.2　工 程 造 价 含 义

### 1.2.1　工程造价概念

工程造价的直意就是工程的建造价格。工程泛指一切建设工程，它的范围和内涵具有很大的不确定性。工程造价有如下两种含义。

第一种含义：工程造价是指建设一项工程预期开支或实际开支的全部固定资产投资费用。显然，这一含义是从投资者（业主）的角度来定义的。投资者选定一个投资项目，为了获得预期的效益，就要通过项目评估进行决策，然后进行设计招标、工程招标，直至竣工验收等一系列投资管理活动。在投资活动中所支付的全部费用形成了固定资产和无形资产，所有这些开支就构成了工程造价。从这个意义上说，工程造价就是工程投资费用，建设项目工程造价就是建设项目固定资产投资。

第二种含义：工程造价是指工程价格。即为建成一项工程，预计或实际在土地市场、设备市场、技术劳务市场，以及承包市场等交易活动中所形成的建筑安装工程的价格和建设工程总价格。显然，工程造价的第二种含义以社会主义商品经济和市场经济为前提。它以工程这种特定的商品形式作为交易对象，通过招投标或其他交易方式，在进行多次预估的基础上，最终由市场形成的价格。在这里，工程的范围和内涵既可以是涵盖范围很大的一个建设项目，也可以是一个单项工程，甚至可以是整个建设工程中的某个阶段，如土地开发工程、建筑安装工程、装饰工程，或者其中的某个组成部分。随着经济发展中技术的进步、分工的细化和市场的完善，工程建设中的中间产品也会越来越多，商品交换会更加频繁，工程价格的种类和形式也会更为丰富。尤其应了解的是，投资体制改革、投资主体的多元格局、资金来源的多种渠道，使相当一部分建设工程的最终产品作为商品进入了流通。如新技术开发区和住宅开发区的普通工业厂房、仓库、写字楼、公寓、商业设施和大批住宅，都是投资者为销售而建造的工程。它们的价格是商品交易中现实存在的，是一种有加价的工程价格（通常被称为商品房价格）。

承发包价格是工程造价中一项重要也较为典型的价格交易形式，是在建筑市场通过招投标，由需求主体（投资者）和供给主体（承包商）共同认可的价格。

工程造价的两种含义是以不同角度把握同一事物的本质。对市场经济条件下的投资者来说，工程造价就是项目投资，是"购买"工程项目要付出的价格；同时，工程造价也是投资者作为市场供给主体，"出售"工程项目时确定价格和衡量投资经济效益的尺度。对规划、设计、承包商以及包括造价咨询在内的中介服务来说，工程造价是他们作为市场供给主体出售商品和劳务价格的总和，或者是特定范围的工程造价，如建筑安装工程造价。

### 1.2.2　工程造价的计价特点

由工程建设的特点所决定，工程造价计价有以下特点：

1. 计价的单件性

建筑产品的单件性特点决定了每项工程都必须单独计算造价。

2. 计价的多次性

工程项目需要按一定的建设程序进行决策和实施，工程计价也需要在不同阶段多次进行，以保证工程造价计算的准确性和控制的有效性。多次计价是个逐步深化、逐步细化和逐步接近实际造价的过程，如图 1-3 所示。

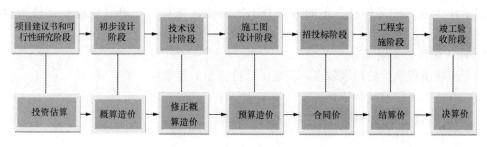

图 1-3　工程多次性计价示意图

（1）投资估算。是指在项目建议书和可行性研究阶段通过编制估算文件测算和确定的工程造价。投资估算是建设项目进行决策，筹建资金和合理控制造价的主要依据。

（2）概算造价。是指在初步设计阶段，根据设计意图，通过编制工程概算文件预先测算和确定的工程造价。与投资估算造价相比，概算造价的准确性有所提高，但受估算造价的控制。概算造价一般又可分为建设项目概算总造价、各个单项工程概算综合造价、各单位工程概算造价。

（3）修正概算造价。是指在技术设计阶段，根据技术设计的要求，通过编制修正概算文件预先测算和确定的工程造价。修正概算是对初步设计阶段的概算造价的修正和调整，比概算造价准确，但受概算造价的控制。

（4）预算造价。是指在施工图设计阶段，根据施工图纸，通过编制预算文件预先测算和确定工程造价。它比概算造价或修正概算造价更为详尽和准确，但同样要受前一阶段工程造价的控制。

（5）合同价。是指在工程招标投标阶段通过签订总承包合同、建筑安装工程承包合同、设备材料采购合同，以及技术和咨询服务合同所确定的价格。合同价属于市场价格，它是由承包发包双方根据市场行情共同议定和认可的成交价格。但应注意：合同价不等于最终决算的实际工程造价。根据计价方法不同，建设工程合同有许多类型，不同类型合同的合同价内涵也会有所不同。

（6）结算价。是指在工程竣工验收阶段，按合同调价范围和调价方法，对实际发生的工程量增减、设备和材料价差等进行调整后计算和确定的价格，反映的是工程项目实际造价。结算价一般由承包单位编制，由发包单位审查，也可委托具有相应资质的工程造价咨询机构进行审查。

（7）决算价。是指工程竣工决算阶段，以实物数量和货币指标为计量单位，综合反映竣工项目从筹建开始到项目竣工交付使用为止的全部建设费用。决算价一般由建设单位编制，上报相关主管部门审查。

3. 计价的组合性

工程造价的计算是分部组合而成的，这一特征与建设项目的组合性有关。一个建设项目是一个工程综合体，它可以分解为许多有内在联系的工程。建设项目的组合性决定了确定工程造价的逐步组合过程，同时也反映到合同价和结算价的确定过程中。工程造价的组合过程是：分部分项工程单价→单位工程造价→单项工程造价→建设项目总造价。

　4. 计价方法的多样性

　工程项目的多次计价有其各不相同的计价依据，每次计价的精确度要求也各不相同，由此决定了计价方法的多样性。不同方法有不同的适用条件，计价时应根据具体情况加以选择。

　5. 计价依据的复杂性

　由于影响工程造价的因素较多，决定了计价依据的复杂性。

　（1）设备和工程量计算依据。

　（2）人工、材料、机械等实物消耗量计算依据。

　（3）工程单价计算依据。

　（4）设备单价计算依据。

　（5）措施费、间接费和工程建设其他费用计算依据。

　（6）政府规定的税、费。

　（7）物价指数和工程造价指数。

### 1.2.3　工程造价的相关概念

　1. 静态投资与动态投资

　静态投资是以某一基准年、月的建设要素的价格为依据所计算出的建设项目投资的瞬时值。静态投资包括建筑安装工程费、设备和工器具购置费、工程建设其他费用、基本预备费，以及因工程量误差而引起的工程造价的增减等。

　动态投资是指为完成一个工程项目的建设，预计投资需要量的总和。它除了包括静态投资所含内容之外，还包括建设期贷款利息、投资方向调节税、涨价预备费等。

　静态投资和动态投资的内容虽然有所区别，但两者有密切联系。动态投资包含静态投资，静态投资是动态投资最主要的组成部分，也是动态投资的计算基础。

　2. 建设项目总投资与固定资产投资

　建设项目总投资是指投资主体为获取预期收益，在选定的建设项目上所需投入的全部资金。建设项目按用途，可分为生产性建设项目和非生产性建设项目。生产性建设项目总投资包括固定资产投资和流动资产投资两部分。而非生产性建设项目总投资只有固定资产投资，不包括流动资产投资。建设项目总造价是指项目总投资中的固定资产投资总额。

　固定资产投资是投资主体为达到预期收益的资金垫付行为。我国的固定资产投资包括基本建设投资、更新改造投资、房地产开发投资和其他固定资产投资四种。

　建设项目的固定资产投资也就是建设项目的工程造价，两者在量上是等同的。其中，建筑安装工程投资也就是建筑安装工程造价，两者在量上也是等同的。

　3. 建筑安装工程造价

　建筑安装工程造价也称建筑安装产品价格。从投资的角度看，它是建设项目投资中的建筑安装工程投资，也是项目造价的组成部分。从市场交易的角度看，建筑安装工程实际造价是投资者和承包商双方共同认可、由市场形成的价格。

## 1.3 工程造价构成

### 1.3.1 我国现行建设项目投资构成和工程造价的构成

建设项目投资是指在工程项目建设阶段所需要的全部费用的总和。生产性建设项目总投资包括建设投资、建设期利息和流动资金三部分；非生产性建设项目总投资包括建设投资和建设期利息两部分。其中，建设投资和建设期利息之和对应于固定资产投资，固定资产投资与建设项目的工程造价在量上相等。由于工程造价具有大额性、动态性、兼容性等特点，要有效管理工程造价，必须按照一定的标准对工程造价的费用构成进行分解。一般可以按建设资金支出的性质、途径等方式来分解工程造价。工程造价基本构成包括用于购买工程项目所含各种设备的费用，用于购置土地所需的费用，也包括用于建设单位自身进行项目筹建和项目管理所花费的费用等。总之，工程造价师按照确定的建设内容、建设规模、建设标准、功能要求和使用要求等，将工程项目全部建成并验收合格交付使用所需的全部费用。

工程造价的主要构成部分是建设投资，根据国家发改委和建设部以发改委〔2006〕1325号发布的《建设项目经济评价方法与参数》（第三版）的规定，建设投资包括工程费用、工程建设其他费用和预备费三部分。工程费用是指直接构成固定资产实体的各种费用，可以分为建筑安装工程费和设备及工器具购置费用；工程建设其他费用是指根据国家有关规定应在投资中支付，并列入建设项目总造价或单项工程造价的费用；预备费是为了保证工程项目的顺利实施，避免在难以预料的情况下造成投资不足而预先安排的一笔费用。建设项目总投资的具体构成如图1-4所示。

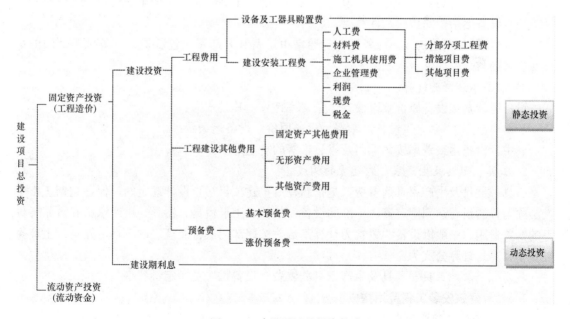

图1-4　建设项目总投资构成

### 1.3.2 设备及工、器具购置费用的构成

1. 设备购置费

设备购置费是指为建设项目购置或自制的达到固定资产标准的各种国产或进口设备、工

具、器具的购置费用。

设备购置费＝设备原价＋设备运杂费

（1）国产设备原价的构成及计算。国产设备原价一般指的是设备制造厂的交货价，或订货合同价。国产设备原价分为国产标准设备原价和国产非标准设备原价。

1）国产标准设备原价。国产标准设备是指按照主管部门颁布的标准图纸和技术要求，由我国设备生产厂批量生产、符合国家质量检测标准的设备。国产标准设备原价有两种，即带有备件的原价和不带有备件的原价。在计算时，一般采用带有备件的原价。国产标准设备一般有完善的设备交易市场，因此可通过查询相关交易市场价格或向设备生产厂家询价，得到国产标准设备原价。

2）国产非标准设备原价。国产非标准设备是指国家尚无定型标准，各设备生产厂不可能在工艺过程中采用批量生产，只能按订货要求并根据具体的设计图纸制造的设备。非标准设备原价有多种不同的计算方法，如成本计算估价法、系列设备插入估价法、分部组合估价法、定额估价法等。按成本计算估价法，非标准设备的原价由以下各项组成：材料费、加工费、辅助材料费（简称辅材费）、专用工具费、废品损失费、外购配套件费、包装费、利润、税金、非标准设备设计费。

（2）进口设备原价的构成及计算。进口设备的原价是指进口设备的抵岸价，通常是由进口设备到岸价（CIF）和进口从属费构成。进口设备的到岸价，即抵达买方边境港口或边境车站的价格。在国际贸易中，交易双方所使用的交货类别不同，则交易价格构成内容也有所差异，一般包括离岸价格、国际运费、运输保险费。进口从属费用包括银行财务费、外贸手续费、进口关税、消费税、进口环节增值税等，进口车辆的还需缴纳车辆购置税。

（3）设备运杂费的构成及计算。

1）设备运杂费的构成。设备运杂费通常由运费和装卸费、包装费、设备供销部门的手续费、采购与仓库保管费构成。

2）设备运杂费的计算。

设备运杂费按设备原价乘以设备运杂费率计算，其公式为：

设备运杂费＝设备原价×设备运杂费率

其中，设备运杂费率按各部门及省、市等的规定计取。

2. 工具、器具及生产家具购置费的构成

工具、器具及生产家具购置费，是指新建或扩建项目初步设计规定的，保证初期正常生产必须购置的没有达到固定资产标准的设备、仪器、工卡模具、器具、生产家具和备品备件等的购置费用。一般以设备购置费为计算基数，按照部门或行业规定的工具、器具及生产家具费率计算。计算公式为：

工具、器具及生产家具购置费＝设备购置费×定额费率

### 1.3.3　建筑安装工程费用构成

1. 建筑安装工程费用内容

（1）建筑工程费用内容。

1）各类房屋建筑工程和列入房屋建筑工程预算的供水、供暖、卫生、通风、煤气等设备费用及其装设、油饰工程的费用，列入建筑工程预算的各种管道、电力、电信和电缆导线敷设工程的费用。

2）设备基础、支柱、工作台、烟囱、水塔、水池、灰塔等建筑工程以及各种炉窑的砌筑工程和金属结构工程的费用。

3）为施工而进行的场地平整，工程和水文地质勘察，原有建筑物和障碍物的拆除以及施工临时用水、电、气、路和完工后的场地清理，环境绿化、美化等工作的费用。

4）矿井开凿、井巷延伸、露天矿剥离，石油、天然气钻井，修建铁路、公路、桥梁、水库、堤坝、灌渠及防洪等工程的费用。

（2）安装工程费用内容。

1）生产、动力、起重、运输、传动和医疗、实验等各种需要安装的机械设备的装配费用，与设备相连的工作台、梯子、栏杆等设施的工程费用，附属于被安装设备的管线敷设工程费用，以及被安装设备的绝缘、防腐、保温、油漆等工作的材料费和安装费。

2）为测定安装工程质量，对单台设备进行单机试运转、对系统设备进行系统联动无负荷试运转工作的调试费。

2. 我国现行建筑安装工程费用构成

（1）按费用构成要素划分。建筑安装工程费用按照费用构成要素划分为人工费、材料（含工程设备）费、施工机具使用费、企业管理费、利润、规费和税金。

1）人工费。是指按工资总额构成规定，支付给从事建筑安装工程施工的生产工人和附属生产单位工人的各项费用。包括：

①计时工资或计件工资。

②奖金。如节约奖、劳动竞赛奖。

③津贴补贴。如流动施工津贴、特殊地区施工津贴等。

④加班加点工资。

⑤特殊情况下支付的工资。

2）材料费。是指施工过程中耗费的原材料、辅助材料、构配件、零件、半成品或成品、工程设备的费用。包括：

①材料原价。

②运杂费。

③运输损耗费。

④采购及保管费。

工程设备是指构成或计划构成永久工程一部分的机电设备、金属结构设备、仪器装置及其他类似的设备和装置。

3）施工机具使用费。是指施工作业所发生的施工机械、仪器仪表使用费或其租赁费。包括：

①施工机械使用费。包括折旧费、大修理费、经常修理费、安拆费及场外运费、人工费、燃料动力费、税费。

②仪器仪表使用费。是指工程施工所需使用的仪器仪表的摊销及维修费用。

4）企业管理费。是指建筑安装企业组织施工生产和经营管理所需的费用。包括管理人员工资、办公费、差旅交通费、固定资产使用费、工具用具使用费、劳动保险和职工福利费、劳动保护费、检验试验费、工会经费、职工教育经费、财产保险费、财务费、税金和其他。

5）利润。是指施工企业完成所承包工程获得的盈利。

6）规费。是指按国家法律、法规规定，由省级政府和省级有关权力部门规定必须缴纳或计取的费用。包括：

①社会保险费。

②住房公积金。

③工程排污费。

7）税金。是指国家税法规定的应计入建筑安装工程造价内的营业税、城市维护建设税、教育费附加及地方教育附加。

（2）按造价形式划分。建筑安装工程费按照工程造价形成划分为分部分项工程费、措施项目费、其他项目费、规费和税金。

1）分部分项工程费。是指各专业工程的分部分项工程应予列支的各项费用。

专业工程是指按现行国家计量规范划分的房屋建筑与装饰工程、仿古建筑工程、通用安装工程、市政工程、园林绿化工程、矿山工程、构筑物工程、城市轨道交通工程、爆破工程等各类工程。

分部分项工程是指按现行国家计量规范对各专业工程划分的项目。如房屋建筑与装饰工程划分的土石方工程、地基处理与桩基工程、砌筑工程、钢筋及钢筋混凝土工程等。

2）措施项目费。是指为完成建设工程施工、发生于该工程施工前和施工过程中的技术、生活、安全、环境保护等方面的费用。包括：

①安全文明施工费。

②夜间施工增加费。

③二次搬运费。

④冬雨季施工增加费。

⑤已完工程及设备保护费。

⑥工程定位复测费。

⑦特殊地区施工增加费。

⑧大型机械设备进出场及安拆费。

⑨脚手架工程费。

3）其他项目费。包括：

①暂列金额。

②计日工。

③总承包服务费。

4）规费。

5）税金。

按费用构成要素划分建筑安装工程费用时，人工费、材料费、是概念股机具使用费、企业管理费和利润包含在分部分项工程费、措施项目费、其他项目费中。按造价形成划分建筑安装工程费用时，分部分项工程费、措施项目费、其他项目费包含人工费、材料费、施工机具使用费、企业管理费和利润。

### 1.3.4　工程建设其他费用组成

工程建设其他费用，是指应在建设项目的建设投资中开支、为保证工程建设顺利完成和交付使用后能够正常发挥效用而发生的固定资产其他费用、无形资产费用和其他资产费用。

1. 固定资产其他费用

（1）建设管理费。建设单位管理费是指建设单位发生的管理性质的开支，包括建设单位管理费和工程监理费。

建设单位管理费是指建设单位发生的管理性质的开支。包括工作人员工资、工资性补贴、施工现场津贴、职工福利费、住房基金、基本养老保险费、基本医疗保险费、失业保险费、工伤保险费、办公费、差旅交通费、劳动保护费、工具用具使用费、固定资产使用费、必要的办公及生活用品购置费、必要的通信设备及交通工具购置费、零星固定资产购置费、招募生产工人费、技术图书资料费、业务招待费、设计审查费、工程招标费、合同契约公证费、法律顾问费、咨询费、完工清理费、竣工验收费、印花税和其他管理性质开支。

工程监理费是指建设单位委托工程监理单位实施工程监理的费用。

（2）建设用地费。

1）土地征用及迁移补偿费。土地征用及迁移补偿费，是指建设项目通过划拨方式取得无限期的土地使用权，依照《中华人民共和国土地管理法》等规定所支付的费用。其总和一般不得超过被征土地年产值的20倍，土地年产值则按该地被征用前3年的平均产量和国家规定的价格计算。其内容包括土地补偿费、青苗补偿费和被征用土地上的房屋、水井、树木等附着物补偿费、安置补助费、缴纳的耕地占用税或城镇土地使用税、土地登记费及征地管理费等、征地动迁费、水利水电工程水库淹没处理补偿费。

2）土地使用权出让金。土地使用权出让金是指建设项目通过土地使用权出让方式，取得有限期的土地使用权，依照《中华人民共和国城镇国有土地使用权出让和转让暂行条例》规定，支付的土地使用权出让金。

国家是城市土地的唯一所有者，并分层次、有偿、有限期地出让、转让城市土地。第一层次是城市政府将国有土地使用权出让给用地者，该层次由城市政府垄断经营。出让对象可以是有法人资格的企事业单位，也可以是外商；第二层次及以下层次的转让则发生在使用者之间。

城市土地的出让和转让可采用协议、招标、公开拍卖等方式。

（3）可行性研究费。可行性研究费是指在建设项目前期工作中，编制和评估项目建议书（或预可行性研究报告）、可行性研究报告所需的费用。

（4）研究试验费。研究试验费是指为建设项目提供和验证设计参数、数据、资料等所进行的必要的试验费用及设计规定在施工中必须进行试验、验证所需费用。

（5）勘察设计费。勘察设计费是指委托勘察设计单位进行工程水文地质勘察、工程设计所发生的各项费用。包括工程勘察费、初步设计费、施工图设计费、设计模型制作费。

（6）环境影响评价费。环境影响评价费是指按照《中华人民共和国环境保护法》、《中华人民共和国环境相应评价法》等规定，为全面、详细评价本建设项目对环境可能产生的污染或造成的重大影响所需的费用。包括编制环境影响报告书、环境影响报告表以及对环境影响报告书、环境影响报告表进行评估等所需的费用。

（7）劳动安全卫生评价费。劳动安全卫生评价费是指按照劳动部《建设项目（工程）劳动安全卫生监察规定》和《建设项目（工程）劳动安全卫生预评价管理办法》的规定，为预测和分析建设项目存在的职业危险、危害因素的种类和危险危害程度，并提出先进、科学、合理可行的劳动安全卫生技术和管理对策所需的费用。

（8）场地准备及临时设施费。建设项目场地准备费是指建设项目为达到工程开工条件进行的场地平整和对建设场地余留的有碍于施工建设的设施进行拆除清理的费用。

建设单位临时设施费是指为满足施工建设需要而供到场地界区、未列入工程费用的临时水、电、路、气、通信等其他工程费用和建设单位的现场临时建筑物的搭设、维修、拆除、摊销或建设期间租赁费用，以及施工期间专用公路或桥梁的加固、养护、维修等费用。

（9）引进技术和引进设备其他费。引进技术和引进设备其他费包括引进项目图纸翻译复制费、备品备件测绘费，出国人员费用，来华人员费用，银行担保及承诺费。

（10）工程保险费。工程保险费是指建设项目在建设期间根据需要对建筑工程、安装工程、机器设备和人身安全进行投保而发生的保险费用。包括建筑安装工程一切险、引进设备财产保险和人身意外伤害险等。

（11）联合试运转费。联合试运转费是指新建项目或新增加生产能力的工程，在交付生产前按照批准的设计文件所规定的工程质量标准和技术要求，进行整个生产线或装置的负荷联合试运转或局部联动试车所发生的费用净支出（试运转支出大于收入的差额部分费用）。

联合试运转费不包括应由设备安装工程费用开支的调试及试车费用，以及在试运转中暴露出来的因施工原因或设备缺陷等发生的处理费用。

（12）特殊设备安全监督检验费。特殊设备安全监督检验费是指在施工现场组装的锅炉及压力容器、压力管道、消防设备、燃气设备、电梯等特殊设备和设施，由安全监察部门按照有关安全监察条例和实施细则以及设计要求进行安全检验，应有建设项目支付、向安全监察部门缴纳的费用。

（13）市政共用设施费。市政公用设施费是指使用市政公用设施的建设项目，按照项目所在地省一级人民政府有关规定建设或缴纳的市政公用设施建设配套费用，以及绿化工程补偿费用。

2. 无形资产费用

无形资产费用系指直接形成无形资产的建设投资，主要指专利及专有技术使用费。其主要内容包括国外设计及技术资料费，引进有效专利、专有技术使用费和技术报名费；国内有效专利、专有技术使用费，商标权、商誉和特许经营权费等。

3. 其他资产费用

其他资产费用指建设投资中形成固定资产和无形资产以外的部分，主要包括生产准备及开办费等。

生产准备及开办费是指建设项目为保证正常生产（或经营、使用）而发生的人员培训费、提前进场费以及投产使用必备的生产办公、生活家具用具及工器具等购置费用。

### 1.3.5 预备费和建设期贷款利息

1. 预备费

预备费包括基本预备费和涨价预备费。

（1）基本预备费。基本预备费是指针对在项目实施过程中可能发生难以预料的支出，需要事先预留的费用，又称工程建设不可预见费。主要指设计变更及施工过程中可能增加工程量的费用。基本预备费一般由以下三部分构成：

1）在批准的初步设计范围内，技术设计、施工图设计及施工过程中所增加的工程费用；

设计变更、工程变更、材料代用、局部地基处理等增加的费用。

2）一般自然灾害造成的损失和预防自然灾害所采取的措施费用。实行工程保险的工程项目，该费用应适当降低。

3）竣工验收时为鉴定工程质量对隐蔽工程进行必要的挖掘和修复费用。

基本预备费＝（设备工器具购置费＋建筑安装工程费用＋工程建设其他费用）×基本预备费率

基本预备费率的取值应执行国家及部门的有关规定。

（2）涨价预备费。涨价预备费是指针对建设项目在建设期间内由于材料、人工、设备等价格可能发生变化引起工程造价变化，而事先预留的费用，也称为价格变动不可预见费。费用内容包括人工、设备、材料、施工机械的价差费，建筑安装工程费及工程建设其他费用调整，利率、汇率调整等增加的费用。

涨价预备费的测算方法，一般根据国家规定的投资综合价格指数，按估算年份价格水平的投资额为基数，采取复利方法计算。计算公式为：

$$PF = \sum_{t=1}^{n} I_t [(1+f)^t - 1]$$

式中　$PF$——涨价预备费；

$n$——建设期年份数；

$I_t$——建设期中第 $t$ 年的投资计划额，包括设备及工器具购置费、建筑安装工程费、工程建设其他费用及基本预备费；

$f$——年均投资价格上涨率。

【例 1-1】　某建设项目，建设期为 3 年，各年投资计划额如下：第一年贷款 7200 万元，第二年 10 800 万元，第三年 3600 万元，年均投资价格上涨率为 6%，求建设项目建设期间涨价预备费。

**解**　第一年涨价预备费为：

$$PF_1 = I_1 [(1+f) - 1] = 7200 \, 万元 \times 0.06$$

第二年涨价预备费为：

$$PF_2 = I_2 [(1+f)^2 - 1] = 10 \, 800 \, 万元 \times (1.06^2 - 1)$$

第三年涨价预备费为：

$$PF_3 = I_3 [(1+f)^3 - 1] = 3600 \, 万元 \times (1.06^3 - 1)$$

所以，建设期的涨价预备费为：

$$PF = 7200 \times 0.06 \, 万元 + 10 \, 800 \times (1.06^2 - 1) \, 万元 + 3600$$
$$\times (1.06^3 - 1) \, 万元 = 2454.54 \, 万元$$

2. 建设期贷款利息

建设期贷款利息包括向国内银行和其他非银行金融机构贷款、出口信贷、外国政府贷款、国际商业银行贷款以及在境内外发行的债券等在建设期间内应偿还的贷款利息。

当总贷款是分年均衡发放时，建设期利息的计算可按当年借款在年中支用考虑，即当年贷款按半年计息，上年贷款按全年计息。计算公式为：

$$q_j = \left( P_{j-1} + \frac{1}{2} A_j \right) i$$

式中　$q_j$——建设期第 $j$ 年应计利息；

　　　$P_{j-1}$——建设期第 $(j-1)$ 年末贷款累计金额与利息累计金额之和；

　　　$A_j$——建设期第 $j$ 年贷款金额；

　　　$i$——年利率。

国外贷款利息的计算中，还应包括国外贷款银行根据贷款协议向贷款方以年利率的方式收取的手续费、管理费、承诺费，以及国内代理机构经国家主管部门批准的以年利率的方式向贷款单位收取的转贷费、担保费、管理费等。

**【例 1 - 2】** 某新建项目，建设期为 3 年，分年均衡进行贷款，第一年贷款 300 万元，第二年 600 万元，第三年 400 万元，年利率为 12%，建设期内利息只计息不支付，计算建设期贷款利息。

**解** 在建设期，各年利息计算如下：

$$q_1 = \frac{1}{2}A_1 i = \frac{1}{2} \times 300 \text{ 万元} \times 12\% = 18 \text{ 万元}$$

$$q_2 = \left(P_1 + \frac{1}{2}A_2\right)i = \left(300 + 18 + \frac{1}{2} \times 600\right)\text{万元} \times 12\% = 74.16 \text{ 万元}$$

$$q_3 = \left(P_2 + \frac{1}{2}A_3\right)i = \left(318 + 600 + 74.6 + \frac{1}{2} \times 400\right)\text{万元} \times 12\% = 143.06 \text{ 万元}$$

所以，建设期贷款利息 $= q_1 + q_2 + q_3 = 18$ 万元 $+ 74.16$ 万元 $+ 143.06$ 万元 $= 235.22$ 万元

## 1.4　工 程 造 价 管 理

### 1.4.1　工程造价管理的含义

1. 工程造价管理的含义

（1）建设工程投资费用管理。建设工程投资费用管理是指为了实现投资的预期目标，在拟定的规划、设计方案的条件下，预测、确定和监控工程造价及其变动的系统活动。建设工程投资费用管理属于投资管理范畴，它既涵盖了微观层次的项目投资费用管理，也涵盖了宏观层次的投资费用管理。

（2）建设工程价格管理。建设工程价格管理属于价格管理范畴。在市场经济条件下，价格管理一般分为两个层次：在微观层次上，是指生产企业在掌握市场价格信息的基础上，为实现管理目标而进行的成本控制、计价、定价和竞价的系统活动；在宏观层次上，是指政府部门根据社会经济发展的实际需要，利用现有的法律、经济和行政手段对价格进行管理和调控，并通过市场管理规范市场主体价格行为的系统活动。

2. 建设工程全面造价管理

按照国际工程造价管理促进会给出的定义，全面造价管理是指有效地利用专业知识与技术，对资源、成本、盈利和风险进行筹划和控制。建设工程全面造价管理包括全寿命期造价管理、全过程造价管理、全要素造价管理和全方位造价管理。

（1）全寿命期造价管理。建设工程全寿命期造价是指建设工程初始建造成本和建成后的日常使用成本之和，它包括建设前期、建设期、使用期及拆除期各个阶段的成本。由于在实际管理过程中，在工程建设及使用的不同阶段，工程造价存在诸多不确定性，因此，全寿命

期造价管理至今只能作为一种实现建设工程全寿命期造价最小化的指导思想，指导建设工程的投资决策及设计方案的选择。

（2）全过程造价管理。全过程造价管理是指覆盖建设工程策划决策及建设实施各个阶段的造价管理。包括：前期决策阶段的项目策划、投资估算、项目经济评价、项目融资方案分析；设计阶段的限额设计、方案比选、概预算编制；招标投标阶段的标段划分、承包发包模式及合同形式的选择、标底编制；施工阶段的工程计量与结算、工程变更控制、索赔管理；竣工验收阶段的竣工结算与决算等。

（3）全要素造价管理。影响建设工程造价的因素有很多。为此，控制建设工程造价不仅仅是控制建设工程本身的建造成本，还应同时考虑工期成本、质量成本、安全与环境成本的控制，从而实现工程成本、工期、质量、安全、环境的集成管理。全要素造价管理的核心是按照优先性的原则，协调和平衡工期、质量、安全、环保与成本之间的对立统一关系。

（4）全方位造价管理。建设工程造价管理不仅是业主或承包单位的任务，而且应是政府建设主管部门、行业协会、业主、设计方、承包方以及有关咨询机构的共同任务。尽管各方的地位、利益、角度等有所不同，但必须建立完善的协同工作机制，才能实现对建设工程造价的有效控制。

### 1.4.2 我国工程造价管理体制

#### 1. 工程造价管理制度的发展历程

新中国成立后，我国建设工程造价管理体制的产生和发展过程大体可分为以下几个阶段：

（1）工程造价管理机构与概预算定额体系的建立阶段。1950～1966 年，我国引进和吸收了前苏联工程建设的经验，形成了一套标准设计和定额管理制度，相继颁布了多项规章制度和定额，规定了不同建设阶段需编制概算和预算，初步建立了我国工程建设领域的概预算制度。同时，对概预算的编制原则、内容、方法和审批、修正办法、程序等作出了明确规定。在这一阶段，我国的工程造价管理机构体系也得到了逐步建立与完善。

以后受"文革"的影响，我国曾一度取消了定额管理机构和工程概预算制度。概预算定额管理工作遭到破坏，概预算和定额管理机构被撤销，大量基础资料被销毁。

（2）工程造价管理机构的恢复和工程造价管理制度的建立阶段。20 世纪 70 年代末期，我国首先恢复了工程造价管理机构，并进一步组织制定了工程建设概预算定额、费用标准等。1988 年，在建设部增设了标准定额司，各省（直辖市、自治区）、国务院有关部委相继建立了定额管理站，并在全国颁布了一系列推动工程概预算管理和定额管理发展的文件。1990 年，经建设部同意成立了第一个也是唯一代表我国工程造价管理行业的行业协会——中国建设工程造价管理协会（简称中价协）。在此期间，提出了全过程、全方位进行工程造价控制和动态管理的思路，这标志着从我国工程造价的管理由单一的概预算管理向工程造价全过程管理的转变。

（3）我国工程造价管理制度的完善与发展阶段。经过 30 年来的不断深化改革，国务院建设主管部门及其他各有关部门、各地区对建立健全建设工程造价管理制度、改进建设工程计价依据做了大量工作。20 世纪 90 年代初期，除了继续按照全过程控制和动态管理的思路对工程造价管理进行改革外，在计价依据方面，首次提出了"量"、"价"分离的新思想，改变了国家对定额管理的方式。同时，提出了"控制量"、"指导价"、"竞争费"的改革设想。

初步建立了"在国家宏观控制下，以市场形成造价为主的价格机制，项目法人对建设项目的全过程负责，充分发挥协会和其他中介组织作用"的具有中国特色的工程造价管理体制。

（4）我国市场经济体制下工程管理与计价体制的发展阶段。2003年，建设部推出了《建设工程工程量清单计价规范》（GB 50500—2003），这种计价模式是建设工程计价依据第一次以国家强制性标准的形式出现，由国家统一的项目编码、项目名称、计量单位和工程量计算规则，采用综合单价的方法计价。各施工企业在投标报价时根据企业自身情况自主报价，在招投标过程中形成建筑产品价格，综合单价中包括完成工程量清单中一个规定计量单位项目所需的人工费、材料费、机械使用费、管理费和利润并考虑风险因素的影响。初步实现了从传统的定额计价模式到工程量清单计价模式的转变，同时也进一步确立了建设工程计价依据的法律地位，这标志着一个崭新阶段的开始。

2008年，建设部在总结经验的基础上，通过进一步完善和补充，又发布了《建设工程工程量清单计价规范》（GB 50500—2008），该标准自2008年12月1日起实施。

2013年，建设部在08清单计价的基础之上，更进一步明确条文术语、细分专业，并颁布了《建设工程工程量清单计价规范》（GB 50500—2013），该标准自2013年7月1日起施行。

2. 工程造价管理体制的深化改革

随着我国市场经济体制的逐步确立，工程造价管理模式发生了一系列的变革。这种改革主要体现在以下几个方面：

（1）重视和加强项目决策阶段的投资估算工作，努力提高政府投资或国有投资的大中型或重点建设项目的可行性研究报告中投资估算的准确度，切实发挥其控制建设项目总造价的作用。

（2）进一步明确概预算工作的重要作用。概预算不仅要计算工程造价，更要能动地影响设计、优化设计，从而发挥控制工程造价、促进建设资金合理使用的作用。工程设计人员要进行多方案的技术经济比较，通过优化设计来保证设计的技术、经济合理性。

（3）推行工程量清单计价模式，以适应我国建筑市场发展的要求和国际市场竞争的需要，逐步与国际惯例接轨。

（4）引入竞争机制，通过招标方式选择工程承包公司和设备材料供应单位，以促使这些单位改善经营管理，提高应变能力和竞争能力，降低工程造价。

（5）提出用"动态"方法研究和管理工程造价。

（6）提出对工程造价估算、概算、预算、承包合同价、结算价、竣工决算实行"一体化"管理，并研究如何建立一体化的管理制度，改变过去分段管理的状况。

（7）进一步完善和加强对造价工程师职业执业资格制度的管理，扶持与引导工程造价咨询机构的发展。

我国工程造价管理体制改革的最终目标是：建立市场形成价格的机制，实现工程造价管理市场化，与国际管理接轨，形成社会化的工程造价咨询服务业。

### 1.4.3 我国工程造价管理的组织和内容

1. 工程造价管理的目标和任务

（1）工程造价管理的目标。按照经济规律的要求，根据社会主义市场经济的发展形势，利用科学管理方法和先进管理手段，合理地确定和有效地控制工程造价，以提高投资效益和建筑安装企业经营效果。

（2）工程造价管理的任务。加强工程造价的全过程动态管理，强化工程造价的约束机制，维护有关各方的经济利益，规范价格行为，促进微观效益和宏观效益的统一。

2. 工程造价管理的组织系统

工程造价管理的组织系统，是指为了实现工程造价管理目标而进行的有效组织活动，以及与造价管理功能相关的有机群体。它是工程造价动态的组织活动过程和相对静态的造价管理部门的统一。

为了实现工程造价管理目标而开展有效的组织活动，我国设置了多部门、多层次的工程造价管理机构，并规定了各自的管理权限和职责范围。

（1）政府行政管理系统。政府在工程造价管理中既是宏观管理主体，也是政府投资项目的微观管理主体。从宏观管理的角度，政府对工程造价管理有一个严密的组织系统，设置了多层管理机构，规定了管理权限和职责范围。

1）国务院建设主管部门造价管理机构。工程造价管理的主要职责是：

①组织制定工程造价管理有关法规、制度并组织贯彻实施。

②组织制定全国统一经济定额和制订、修订本部门经济定额。

③监督指导全国统一经济定额和本部门经济定额的实施。

④制定和负责全国工程造价咨询企业的资质标准及其资质管理工作。

⑤制定全国工程造价管理专业人员执业资格准入标准，并监督执行。

2）国务院其他部门的工程造价管理机构。包括水利、水电、电力、石油、石化、机械、冶金、铁路、煤炭、建材、林业、军队、有色、核工业、公路等行业的造价管理机构。主要是修订、编制和解释相应的工程建设标准定额，有的还担负本行业大型或重点建设项目的概算审批、概算调整等职责。

3）省、自治区、直辖市工程造价管理部门。主要职责是修编、解释当地定额、收费标准和计价制度等。此外，还有审核国家投资工程的标底、结算、处理合同纠纷等职责。

（2）企事业单位管理系统。企事业单位对工程造价的管理，属微观管理的范畴。设计单位、工程造价咨询企业等按照业主或委托方的意图，在可行性研究和规划设计阶段合理确定和有效控制建设工程造价，通过限额设计等手段实现设定的造价管理目标；在招标投标工作中编制招标文件、标底，参加评标、合同谈判等工作；在项目实施阶段，通过对设计变更、工期、索赔和结算等管理进行造价控制。设计单位、工程造价咨询企业通过在全过程造价管理中的业绩，赢得自己的信誉，提高市场竞争力。工程承包企业的造价管理是企业自身管理的重要内容。工程承包企业设有自己专门的职能机构参与企业的投标决策，并通过对市场的调查研究，利用过去积累的经验，研究报价策略，提出报价；在施工过程中，进行工程造价的动态管理，注意各种调价因素的发生和工程价款的结算，避免收益的流失，以促进企业盈利目标的实现。

（3）行业协会管理系统。中国建设工程造价管理协会是经建设部和民政部批准成立的，代表我国建设工程造价管理的全国性行业协会，是亚太区测量师协会（PAQS）和国际工程造价联合会（ICEC）等相关国际组织的正式成员。在各国造价管理协会和相关学会团体的不断共同努力下，目前，联合国已将造价管理这个行业列入了国际组织认可行业，这对于造价咨询行业的可持续发展和进一步提高造价专业人员的社会地位将起到积极的促进作用。

为了增强对各地工程造价咨询工作和造价工程师的行业管理，近十几年来，先后成立了各省、自治区、直辖市所属的地方工程造价管理协会。全国性造价管理协会与地方造价管理协会是平等、协商、相互扶持的关系，地方协会接受全国性协会的业务指导，共同促进全国工程造价行业管理水平的整体提升。

3．工程造价的基本内容

工程造价管理的基本内容是合理确定和有效地控制工程造价。

（1）工程造价的合理确定。所谓工程造价的合理确定，是在建设程序的各个阶段，合理确定投资估算、概算造价、预算造价、承包合同价、结算价、竣工决算价。

1）在项目建议书阶段，按照有关规定，应编制初步投资估算。经有关部门批准，作为拟建项目列入国家中长期计划和开展前期工作的控制造价。

2）在可行性研究阶段，按照有关规定编制的投资估算，经有权部门批准，即为该项目控制造价。

3）在初步设计阶段，按照有关规定编制的初步设计总概算，经有权部门批准，即作为拟建项目工程造价的最高限额。对初步设计阶段，实行建设项目招标承包制签订承包合同协议的，其合同价也应在最高限价（总概算）相应的范围以内。

4）在施工图设计阶段，按规定编制施工图预算，用以核实施工图阶段预算造价是否超过批准的初步设计概算。

5）对施工图预算为基础招标投标的工程，承包合同价也是以经济合同形式确定的建筑安装工程造价。

6）在工程实施阶段要按照承包方实际完成的工程量，以合同价为基础，同时考虑因物价上涨所引起的造价提高，考虑到设计中难以预计的而在实施阶段实际发生的工程和费用，合理确定结算价。

7）在竣工验收阶段，全面汇集在工程建设过程中实际花费的全部费用，编制竣工决算，如实体现该建设工程的实际造价。

（2）工程造价的有效控制。所谓工程造价的有效控制，就是在优化建设方案、设计方案的基础上，在建设程序的各个阶段，采用一定的方法和措施，把工程造价的发生控制在合理的范围和核定的造价限额以内。具体地说，要用投资估算价控制设计方案的选择和初步设计概算造价；用概算造价控制技术设计和修正概算造价；用概算造价或修正概算造价控制施工图设计和预算造价。以求合理使用人力、物力和财力，取得较好的投资效益。控制造价在这里强调的是控制项目投资。

有效控制工程造价应体现以下三项原则：

1）以设计阶段为重点的建设全过程造价控制。工程造价控制贯穿于项目建设全过程，但是必须重点突出。很显然，工程造价控制的关键在于施工前的投资决策和设计阶段，而在项目作出投资决策后，控制工程造价的关键就在于设计。建设工程全寿命费用包括工程造价和工程交付使用后的经常开支费用（含经营费用、日常维护修理费用、使用期内大修理和局部更新费用），以及该项目使用期满后的报废拆除费用等。据西方一些国家分析，设计费一般只相当于建设工程全寿命费用的1%以下，但正是这少于1%的费用对工程造价的影响度占75%以上。由此可见，设计质量对整个工程建设的效益至关重要。

长期以来，我国普遍忽视工程建设项目前期工作阶段的造价控制，而往往把控制工程造价的主要精力放在施工阶段——审核施工图预算、结算建安工程价款，算细账。这样做尽管也有效果，但毕竟是"亡羊补牢"，事倍功半。要有效地控制建设工程造价，就要坚决地把控制重点转到建设前期阶段上来，当前尤其应抓住设计这个关键阶段，以取得事半功倍的效果。

2）主动控制，以取得令人满意的结果。长时期以来，人们一直把控制理解为目标值与实际值的比较，以及当实际值偏离目标值时，分析其产生偏差的原因，并确定下一步的对策。在工程项目建设全过程进行这样的工程造价控制当然是有意义的。但问题在于，这种立足于调查——分析——决策基础之上的偏离——纠偏——再偏离——再纠偏的控制方法，只能发现偏离，不能使已产生的偏离消失，不能预防可能。也就是说，我们的工程造价控制，不仅要反映投资决策，反映设计、发包和施工，被动地控制工程造价，更要能动地影响投资决策，影响设计、发包和施工，主动地控制工程造价。

3）技术与经济相结合是控制工程造价最有效的手段。要有效地控制工程造价，应从组织、技术、经济等多方面采取措施。从组织上采取的措施，包括明确项目组织结构，明确造价控制者及其任务，明确管理职能分工；从技术上采取措施，包括重视设计多方案选择，严格审查监督初步设计、技术设计、施工图设计、施工组织设计，深入技术领域研究节约投资的可能；从经济上采取措施，包括动态地比较造价的计划值和实际值，严格审核各项费用支出，采取对节约投资的有力奖励措施等。

应该看到，技术与经济相结合是控制工程造价最有效的手段。

### 1.4.4　工程造价咨询业的管理

#### 1. 咨询业的形成和发展

咨询师指利用科学技术和管理人才，根据政府、企业以至个人的委托要求，提供解决有关决策、技术和管理等方面问题的优化方案和智力服务活动过程。咨询以智力劳动为特点，以特定问题为目标，以委托人为服务对象，按合同规定条件进行有偿的经营活动。

咨询是商品经济进一步发展和社会分工更细密的产物，也是技术和知识商品化的具体形式。咨询业具有三大社会功能。

（1）服务功能。咨询业的首要功能就是为经济发展、社会发展和居民生活服务。

（2）引导功能。咨询业是知识密集的智能型产业，有能力也有义务为服务对象提供最权威的指导，引导服务对象的社会行为和市场行为。

（3）联系功能。通过咨询活动，可以讲生产和流通，生产流通和消费更密切的联系起来，同时也促进了市场需求主体和供给主体的联系，促进了企业、居民和政府的联系，从而有利于国民经济以至整个社会的持续协调发展。

#### 2. 我国工程造价咨询业发展概况

工程造价咨询是指工程造价咨询机构面向社会接受委托，承担建设工程项目可行性研究、投资估算，项目经济评价，工程概算、预算、结算、竣工决算，工程招标标底、投标报价的编制和审核，对工程造价进行监控以及提供有关工程造价信息资料等业务工作。

工程造价咨询服务可能是单项的，也可能是从建设前期到工程决算的全过程服务。工程造价咨询是一个为社会委托方提供决策和智力服务的独立行业。

我国工程造价咨询业是随着市场经济体制建立逐步发展起来的。进入 20 世纪 90 年代中期以后，投资多元化以及《招标投标法》的颁布实施，工程造价更多的是通过招标投标竞争定价。在这种市场环境下，客观上要求有专门从事工程造价管理咨询的机构提供专业化的咨询服务。为了规范工程造价管理中介组织的行为，保障其依法进行经营活动，维护建设市场的秩序，建设部先后发布了《工程造价咨询单位资质管理办法（试行）》、《工程造价咨询单位管理办法》等一系列文件。近十几年来，工程造价咨询单位的发展迅速。截至 2008 年，全国已有造价咨询单位 5000 多家，其中甲级工程造价咨询单位 1300 家。

3. 造价工程师执业资格制度

造价工程师执业资格制度属于国家统一规划的专业技术人员执业资格制度范围。为了加强建设工程造价专业技术人员的执业准入控制和管理，确保建设工程造价管理工作质量，维护国家和社会公共利益，人事部、建设部 1996 年颁布了《造价工程师执业资格制度暂时规定》。2000 年 1 月 21 日，建设部颁发《造价工程师注册管理办法》。2006 年 12 月，建设部修改颁发了《注册造价工程师管理办法》。

注册造价工程师是指通过全国造价工程师执业资格统一考试或资格认定，取得中华人民共和国造价工程师执业资格，并按照《注册造价工程师管理办法》，取得中华人民共和国造价工程师注册执业证书和执业印章，从事工程造价活动的专业人员。未取得注册证书和执业印章的人员，不得以注册造价工程师的名义从事工程造价活动。

4. 造价员从业资格制度

建设工程造价员是指经过全省统一考试合格，取得《全国建设工程造价员资格证书》，从事工程造价业务的人员。《全国建设工程造价员资格证书》是造价员从事工程造价业务资格和专业水平的证明。

## 小　结

本章概述了建设工程和建设项目的概念，建设项目的分类构成以及建设项目的建设程序。叙述了工程造价的涵义、工程计价的特点及其构成。并详细介绍我国现行建筑安装工程费用构成，工程造价管理的内容和我国现行的管理体制。

## 习　题

1. 什么是建设工程？什么是建设项目？
2. 建设项目由哪些基本项目构成？
3. 工程建设程序需要经过哪些阶段？
4. 简述工程造价的含义。
5. 工程项目在不同的阶段分别进行哪些不同的工程计价？
6. 建设投资包含哪些费用？
7. 预备费是什么？由哪些费用构成？
8. 我国现行的建筑安装工程费由哪几个部分组成？
9. 什么是直接费？什么是间接费？分别由哪些费用构成？
10. 什么是直接工程费？什么是措施费？分别由哪些费用构成？

# 第2章 工程建设定额

**本章学习目标**

1. 理解工程定额的涵义。
2. 熟悉工程定额的分类和特点。
3. 掌握人、材、机消耗量的确定。
4. 掌握人、材、机单价的确定。

## 2.1 工程建设定额概述

### 2.1.1 定额

**1. 定额的一般概念**

"定"就是规定，"额"就是额度或尺度。从广义上讲，定额就是规定的标准额度或限额。

在社会化生产中，任何产品的生产过程都是劳动者利用一定的劳动资料作用于劳动对象上，经过一定的劳动时间，生产出具有一定使用价值的产品。定额所要研究的对象是生产消耗过程中各种因素的消耗数量标准，即生产一定的单位合格产品，劳动者的体力、脑力，生产工具和物质条件，各种材料等的消耗数量或费用标准是多少。在现代经济、社会活动中，定额作为一种管理手段被广泛应用，成为人们对社会经济进行计划、组织指挥、协调和控制等一系列管理活动的重要依据。

**2. 工程建设定额**

工程建设定额是指在正常的施工条件下和合理的劳动组织、合理使用材料及机械的条件下，完成单位合格建设产品所必需的人工、材料、机械台班的数量标准。它反映了在一定的社会生产力水平条件下的建设产品生产与生产消费的数量关系。

在工程建设定额中，产品是一个广义的概念，它可以是指建设项目，也可以是单项工程、单位工程，还可以是分部工程或分项工程。

**3. 定额水平**

定额水平是指完成单位合格产品所需的人工、材料、机械台班消耗标准的高低程度，是在一定施工组织条件和生产技术下规定的施工生产中活劳动和物化劳动的消耗水平。

定额水平高，单位产量提高，活劳动和物化劳动消耗降低，反映为单位产品的造价低；反之，定额水平是指单位产量降低，消耗提高，反映为单位产品的造价高。

### 2.1.2 定额的产生与发展

19世纪末20世纪初，在技术最发达、资本主义发展最快的美国，形成了系统的经济管理理论。定额的产生与管理科学的形成和发展紧密联系在一起。

定额和企业管理成为科学是从"泰勒制"开始的，它的创始人是美国工程师泰勒（F. W. Taylor，1856～1915年）。泰勒的科学管理目标是为了提高劳动生产率，提高工人的劳动效率。他突破了当时传统管理方法的羁绊，通过科学试验，对工作时间的合理利用进行细致的研究，制定出所谓标准的操作方法；对人进行训练，要求工人取消那些不必要的操作程序，并且在此基础上制定出较高的公司定额；用工时定额评价工人工作的好坏。为了使工人能达到定额，提高工作效率，又制定了工具、机器、材料和作业环境的标准。

"泰勒制"的核心内容包括两方面：

一是科学的工时定额。较高的定额直接体现了"泰勒制"的主要目标，即提高工人的劳动生产率，降低产品成本，增加企业盈利，而其他方面的内容则是为了达到这一主要目标而制定的措施。

二是工时定额与有差别的计件工作制度相结合。这使其本身也成为提高劳动效率的有力措施。

"泰勒制"的产生和推行，在提高劳动生产率方面取得了显著的效果，也给资本主义企业管理带来了根本性的改革和深远的影响。但是，泰勒的研究完全没有考虑人作为价值创造者的主观能动性和创造性。

20 世纪 20 年代出现的行为科学主张用诱导的办法，鼓励职工发挥主动性和积极性，而不是对工人进行管束和强制以达到提高生产效率的目的。行为科学弥补了泰勒等人科学管理的某些不足，但它并不能取代科学管理，不能取消定额。定额实际上符合社会化大生产对于效率的追求。就工时定额来说，它不仅是一种强制力量，而且也是一种引导和激励的力量。而且，定额产生的信息对于计划、组织、指挥、协调、控制等管理活动，以至决策过程都是不可或缺的。同时，一些新技术在制定定额中得到运用，制定定额的范围大大突破了工时定额的内容。

1945 年出现了事前工时定额制定标准，即以新工艺投产之前就已经选择好的工业设计和最有效的操作办法为基础编制出工时定额，其目的是降低和控制单位产品上的工时消耗。这样，就把工时定额的制定提前到工艺和操作方法的设计过程之中，以加强预先控制。

在我国古代工程中，也很重视工料消耗计算，并形成了许多则例，这些则例可以看做是工料定额的原始形态。我国北宋著名的土木建筑家李诫修编的《营造法式》，成书于公元1100 年，它是土木建筑工程技术的巨著，也是工料计算方面的巨著。《营造法式》共有三十四卷，分为释名、各作制度、功限、料例和图样五个部分。其中，第十六卷至二十五卷是各工种计算用工量的规定；第二十六卷至第二十八卷是各工种计算用料的规定。这些关于算工算料的规定，可以看做是古代的工料定额。清工部《工程做法则例》中，也有许多内容是说明工料计算方法的，甚至可以说它主要是一部算工算料的书。直到今天，《仿古建筑及园林工程预算定额》仍将这些则例等技术文献作为编制依据之一。

### 2.1.3　工程建设定额的分类与特点

#### 1. 按照定额构成的生产要素分类

生产要素包括劳动者、劳动手段和劳动对象，反映其消耗的定额就分为人工消耗定额、材料消耗定额和机械台班消耗定额。

（1）人工消耗定额。人工消化定额又称劳动定额，所反映的是活劳动消耗。按反映活劳动消耗的方式不同，劳动消耗定额有时间消耗定额和产量消耗定额两种形式。

（2）材料消耗定额。材料消耗定额包括工程建设中所使用的原材料、成品、半成品、构配件、燃料及水、电等动力资源消耗。

（3）机械台班消耗定额。机械台班消耗定额是指在正常的生产条件下，完成单位合格工程建设产品所需消耗的机械的数量标准。

**2. 按照定额的编制程序和用途分类**

按照定额的编制程序和用途，把工程建设定额分为施工定额、预算定额、概算定额、概算指标和投资估算指标五种。

（1）施工定额。它是以同一性质的施工过程（工序）为编制对象，规定某种建筑产品的劳动消耗量、材料消耗量和机械台班消耗量。施工定额是施工企业组织生产和加强管理的企业内部使用的一种定额，属于企业生产定额性质。施工定额的项目划分很细，是工程建设定额中分项最细、定额子目最多的一种定额，是工程建设定额中的最基础定额，也是编制预算定额的基础。

（2）预算定额。预算定额是以分项工程或结构构件为编制对象，规定某种建筑产品的劳动消耗量、材料消耗量和机械台班消耗量，属于计价性定额。预算定额是概算定额、概算指标或投资估算指标的编制基础，可以说预算定额在计价定额中是最基础性的定额。

（3）概算定额。概算定额是以扩大分项工程或扩大结构构件为编制对象，规定某种建筑产品的劳动消耗量、材料消耗量和机械台班消耗量，属于计价性定额。它是预算定额的综合和扩大，概算定额是控制项目投资的重要依据。

（4）概算指标。概算指标是以整个房屋或构筑物为编制对象，规定每 $100m^2$ 建筑面积为计量单位所需要的人工、材料、机械台班消耗量的标准。它比概算定额更进一步综合扩大，更具有综合性。

（5）投资估算指标。投资估算指标是以独立单项工程或完整的工程项目为计算对象，它是在项目投资需要量时使用的定额。投资估算指标以预算定额、概算定额、概算指标为基础编制。

**3. 按照编制单位和执行范围不同分类**

按照编制单位和执行范围不同，建设工程定额可分为全国统一定额、行业统一定额、地区统一定额、企业定额、补充定额等。

（1）全国统一定额。全国统一定额是指由国家建设行政主管部门综合全国工程建设中技术和施工组织管理的情况编制，并在全国范围内普遍执行的定额。

（2）行业统一定额。行业统一定额考虑到各行业部门专业工程技术特点以及施工生产和管理水平编制，由国务院行业主管部门发布。一般只在本行业部门内和相同专业性质的范围内使用，如矿井建设工程定额、铁路建设工程定额。

（3）地区统一定额。地区统一定额是指各省、自治区、直辖市编制颁发的定额。地区统一定额主要是考虑地区性特点，对全国统一定额水平做适当调整补充编制的。

（4）企业定额。企业定额是指由施工单位考虑本企业具体情况，参照国家、部门或地区定额的水平制定的定额。企业定额只在企业内部使用，亦可用于投标报价，是企业素质的一个标志。企业定额的水平一般应高于国家定额。这样，才能促进企业生产技术发展、管理水平和市场竞争力的提高。

（5）补充定额。补充定额是指随着设计、施工技术的发展，在现行定额不能满足需要的情况下，为了补充缺项所编制的定额。

#### 4. 按照专业分类

按照工程项目的专业类别，建设工程定额可分为建筑工程定额、安装工程定额、公路工程定额、铁路工程定额、水利工程定额、市政工程定额、园林绿化工程定额等多种专业定额。

建设工程定额的分类如图 2-1、图 2-2 所示。

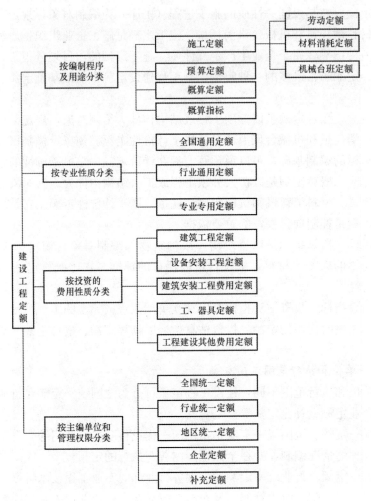

图 2-1 建设工程定额分类（一）

### 2.1.4 建设工程定额的作用

#### 1. 建设工程定额是确定工程造价的重要依据

建筑产品价格是工程项目产品价值的货币表现，是在建筑产品生产中社会必要劳动时间的货币名称。建筑产品的生产过程包含三个要素，即人的劳动、劳动对象和劳动资料。

工程建设定额规定的就是完成一定计量单位的合格的假定建筑产品所必需的物化劳动和活劳动的消耗标准。根据建设工程的设计图纸和工程建设定额，就可以计算出该工程的人工、材料、机械的消耗量，再结合相应的单价就可以得到该工程项目工程造价中的直接工程费，即工程的直接成本。而工程的直接成本是建筑产品价格中最为重要的组成部分，因此，建设工程定额是确定建筑产品价格的重要依据。

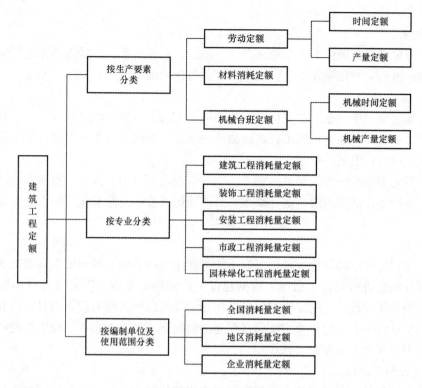

图 2-2 建设工程定额分类（二）

2. 建设工程定额有利于推进我国建设市场的发展与完善

（1）建设工程定额有利于建设市场公平竞争环境的形成。定额所提供的信息客观上能够反映建筑产品的供给和需求的相关信息，这些信息为市场上需求主体和供给主体之间的公平竞争、需求主体之间的公平竞争、供给主体之间的公平竞争提供了有利的条件。

（2）建设工程定额有利于建设市场主体行为的规范。对投资者而言，定额是投资决策的依据。投资者可以利用定额提供的信息有效提高项目决策的科学性，优化其投资行为；对建筑施工企业而言，定额是价格决策的依据。施工企业只有在投标报价时，充分考虑定额的要求做出正确的价格决策，才能取得市场竞争的优势。

（3）建设工程定额有利于完善建设市场的信息系统。建设工程定额是对大量市场信息的加工、处理和传递，同时也是对市场信息的反馈。信息作为市场体系中不可或缺的要素，其完备性、可靠性和灵敏度是市场成熟和市场效率的标志。定额作为我国建设市场信息系统的组成部分，是我国长期以来实行定额计价体系的结果，体现了我国社会主义市场经济的特色。

### 2.1.5 建设工程定额的特点

1. 科学性

建设工程定额中的各类定额都是与现实的生产力发展水平相适应的，通过在实际建设中测定、分析、综合和广泛收集相关信息和资料，结合定额理论的研究分析，运用科学方法制定的。因此，建设工程定额的科学性包括两重含义：一是指建设工程定额反映了工程建设中生产消费的客观规律；二是指建设工程定额管理在理论、方法和手段上有其科学理论基础和科学技术方法。

2.系统性

建设工程定额是定额体系中相对独立的一部分，自成体系。它是由多种定额结合而成的有机的整体，虽然它的结构复杂，但层次鲜明、目标明确。

3.统一性

建设工程定额的统一性，主要由国家对经济发展的宏观调控职能所决定。只有确定了一定范围内的统一定额，才能实现工程建设的统一规划、组织、调节、控制，从而使国民经济可以按照既定的目标发展。

建设工程定额的统一性按照其影响力和执行范围，可分为全国统一定额、地区统一定额和行业统一定额等；从定额的制定、颁布和贯彻使用来看，定额有统一的程序、原则、要求和用途。

4.指导性

企业自主报价和市场定价的计价机制不能等同于放任不管，政府宏观调控工程建设中的计价行为同样需要进行规范、指导。依据建设工程定额，政府可以规范建设市场的交易行为，也可以为具体建设产品的定价起到参考作用，还可以作为政府投资项目定价和造价控制的重要依据。在许多企业的企业定额尚未建立的情况下，统一颁布的建设工程定额还可以为企业定额的编制起到参考和指导性作用。

5.稳定性和时效性

建设工程定额是一定时期技术发展和管理水平的反映，因而在一段时间内表现出稳定的状态。保持定额的稳定性是有效贯彻定额的必要保证。

但是建设工程定额的稳定性是相对的，当定额不能适应生产力发展水平、不能客观反映建设生产的社会平均水平时，定额原有的作用就会逐步减弱甚至出现消极作用，需要重新编制或修订。

## 2.2　建筑工程作业研究

### 2.2.1　施工过程

1.施工过程的涵义

施工过程就是在建设工地范围内所进行的生产过程。其最终目的是要建造、恢复、改建、移动或拆除工业、民用建筑物和构筑物的全部或一部分。

建筑安装施工过程与其他物质生产过程一样，也包括生产力三要素，即劳动者、劳动对象、劳动工具。也就是说，施工过程由不同工种、不同技术等级的建筑安装工人完成，并且必须有一定的劳动对象——建筑材料、半成品、构件、构配件等，使用一定的劳动工具——手动工具、小型机具和机械等。

每个施工过程的结束，获得了一定的产品，这种产品或者是改变了劳动对象形态、内部结构或性质，或者是改变了劳动对象在空间的位置。

2.施工过程分类

（1）根据施工过程组织上的复杂程度，可以分解为工序、工作过程和综合工作过程。

1）工序。工序是在组织上不可分割的，在操作过程中技术上属于同类的施工过程。工序的特点是：工作者不变，劳动对象、劳动工具和工作地点也不变。在工作中如有一项改变，那就说明已经由一项工序转入另一项工序了。

从施工的技术操作和组织观点看，工序是工艺方面最简单的施工过程。但是如果从劳动过程的观点看，工序又可以分解为更小的组成部分——操作和动作。而动作又是由许多动素组成的。动素是人体动作的分解。每一个操作和动作都是完成施工工序的一部分。

在编制施工定额时，工序是基本的施工过程，是主要的研究对象。测定定额时，只需分解和标定到工序为止。如果进行某项先进技术或新技术的工时研究，就要分解到操作甚至动作为止，从中研究可改进操作或节约工时。

工序可以由一个人来完成，也可以由小组或施工队内的几名工人协同完成；可以手动完成，也可以由机械操作完成。在机械化的施工工序中，还可以包括由工人自己完成的各项操作和由机器完成的工作两部分。

2）工作过程。工作过程是由同一工人或同一小组所完成的在技术操作上相互有机联系的工序的总合体。其特点是人员编制不变、工作地点不变，而材料和工具则可以变换。

3）综合工作过程。综合工作过程是工时进行，在组织上有机地联系在一起，并且最终能获得一种产品的施工过程的总和。

（2）按照工艺特点，施工过程可以分为循环施工过程和非循环施工过程两类。凡各个组成部分按一定顺序一次循环进行，并且每经一次重复都可以生产出同一种产品的施工过程，称为循环施工过程；反之，若施工过程的工序或其组成部分不是以同样的次序重复，或者生产出来的产品各不相同，这种施工过程则称为非循环的施工过程。

3. 施工过程的影响因素

（1）技术因素。包括产品的种类和质量要求，所用材料、半成品、构配件的类别、规格和性能，所用工具和机械设备的类别、型号、性能及完好情况等。

（2）组织因素。包括施工组织与施工方法、劳动组织、工人技术水平、操作方法和劳动态度、工资分配方式、劳动竞赛等。

（3）自然因素。包括酷暑、大风、雨、雪、冰冻等。

## 2.2.2　工作时间分类

工作时间，指的是工作班延续时间，例如8小时工作制的工作时间就是8小时，午休时间不包括在内。研究施工中的工作时间最主要的目的是确定施工的时间定额和产量定额，其前提时对工作时间按其消化性质进行分类，以便研究工时消耗的数量及其特点。

1. 工人工作时间消耗的分类

工人在工作班内消耗的工作时间，按其消耗的性质，可以分为两大类：必需消耗的时间和损失时间。工人工作时间的分类如图2-3所示。

（1）必需消耗的工作时间（定额时间）。必需消耗的工作时间是工人在正常施工条件下，为完成一定合格产品（工作任务）所消耗掉的时间，是制定定额的主要依据，包括有效工作时间、休息时间和不可避免中断时间的消耗。

1）有效工作时间。有效工作时间是从生产效果来看与产品生产直接有关的时间消耗。其中，包括基本工作时间、辅助工作时间、准备与结束工作时间的消耗。

①基本工作时间。是工人完成能生产一定产品的施工工艺过程所消耗的时间。通过这些工艺过程，可以使材料改变外形，如钢筋弯曲加工等；可以改变材料的结构与性质，如混凝

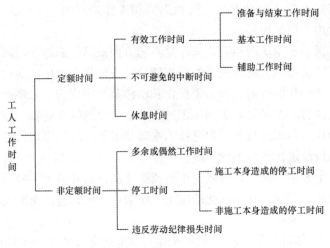

图 2-3　工人工作时间分类

土制品的养护、干燥等；可以使预制构配件安装组合成型；也可以改变产品外部及表面的性质，如粉刷、油漆等。基本工作时间所包括的内容依工作性质各不相同。基本工作时间的长短和工作量大小成正比。

②辅助工作时间。是为保证基本工作能顺利完成所消耗的时间。在辅助工作时间里，不能使产品的形状大小、性质或位置发生变化。辅助工作时间的结束，往往就是基本工作时间的开始。辅助工作一般是手工操作。但如果在机手并动的情况下，辅助工作是在机械运转过程中进行的，为避免重复则不应再计算辅助工作时间的消耗。辅助工作时间长短与工作量大小有关。

③准备与结束工作时间。是执行任务前或任务完成后所消耗的工作时间。如工作地点、劳动工具和劳动对象的准备工作时间；工作结束后的整理工作时间等。准备和结束工作时间的长短与所担负的工作量大小无关，但往往和工作内容有关。这项时间消耗可以分为班内的准备与结束时间，以及任务的准备与结束工作时间。其中，任务的准备和结束时间是在一批任务的开始与结束时产生的，如熟悉图纸、准备相应工具、事后清理场地等，通常不反映在每一个工作班里。

2）不可避免的中断时间。不可避免的中断所消耗的时间是由于施工工艺特点引起的工作中断所必需的时间。与施工过程工艺特点有关的工作中断时间，应包括在定额时间内，但应尽量缩短此项时间消耗。

3）休息时间。休息时间是工人在工作过程中为恢复体力所必需的短暂休息和生理需要的时间消耗。这种时间是为了保证工人精力充沛地进行工作，所以在定额时间中必须计算在内。休息时间的长短和劳动条件、劳动强度有关，劳动越繁重紧张、劳动条件越差（如高温），则休息时间需越长。

（2）损失时间（非定额时间）。

1）多余或偶然工作时间。多余工作，就是工人进行了任务以外的工作而又不能增加产品数量的工作。从偶然工作的性质看，在定额中不应考虑它所占用的时间，但是由于偶然工作能获得一定产品，拟定定额时要适当考虑它的影响。

2）停工时间。停工时间是工作班内停止工作造成的工时损失。非施工本身造成的停工时间，是由于水源、电源中断引起的停工时间。前一种情况在拟定定额时不应计算；后一种情况定额中则应给予合理的考虑。

3）违反劳动纪律损失时间。违反劳动纪律造成的工作时间损失，是指工人在工作班开始和午休后的迟到、午饭前和工作班结束前的早退、擅自离开工作岗位、工作时间内聊天或办私事等造成的工时损失。由于个别人违反劳动纪律而影响其他工人无法工作的时间损失，也包括在内。

2. 机械工作时间消耗的分类

在机械化施工过程中，对工作时间消耗的分析和研究，除了要对工人工作时间的消耗进行分类研究之外，还需要分类研究机械工作时间的消耗。机械工作时间也分为必需消耗的时间和损失时间两大类，如图2-4所示。

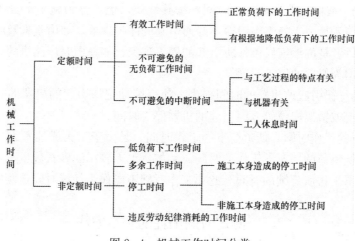

图2-4 机械工作时间分类

（1）必需消耗时间（定额时间）。在必需消耗的工作时间里，包括有效工作时间，不可避免的无负荷工作时间和不可避免的中断时间三项时间消耗。而在有效工作的时间消耗中，又包括正常负荷下的工作时间和有根据地降低负荷下的工作时间。

1）正常负荷下的工作时间。正常负荷下的工作时间，是机器在与机器说明书规定的计算负荷相符的情况下进行工作的时间。

2）有根据地降低负荷下的工作时间。有根据地降低负荷下的工作时间，是在个别情况下由于技术上的原因，机器在于其低于其计算负荷下工作的时间。例如，汽车运输重量轻而体积大的货物时，不能充分利用汽车的载重吨位因而不得不降低其计算负荷。

3）不可避免的无负荷工作时间。不可避免的无负荷工作时间，是由施工过程的特点和机械结构的特点造成的机械无负荷工作时间。例如，筑路机在工作区末端调头等，就属于此项工作时间的消耗。

4）不可避免的中断工作时间。不可避免的中断工作时间，是与工艺过程的特点、机器的使用和保养、工人休息有关，所以它又可以分为三种。

①与工艺过程的特点有关的不可避免中断工作时间，有循环的和定期的两种。循环的不可避免中断，是在机器工作的每一个循环中重复一次，如汽车装货和卸货时的停歇时间。定期的不可避免中断，是经过一定时期重复一次。如把灰浆泵由一个工作地点转移到另一个工

作地点时的工作中断。

②与机器有关的不可避免中断工作时间,是由于工人进行准备与结束工作或辅助工作时,机器停止工作而引起的中断工作时间。它是与机器的使用与保养有关的不可避免的中断时间。

③工人休息时间,要注意的是,应尽量利用与工艺过程有关的和与机器有关的不可避免中断时间进行休息,以充分利用工作时间。

(2)损失时间(非定额时间)。损失的工作时间中,包括多余工作时间、停工时间、违反劳动纪律所消耗的工作时间和低负荷下的工作时间。

1)机器的多余工作时间。机器的多余工作时间,一是机器进行任务内和工艺过程内未包括的工作而延续的时间,如工人没有及时供料而使机器空运转的时间;二是机械在负荷下所做的多余工作,如混凝土搅拌机搅拌混凝土时超过规定搅拌的时间,即属于多余工作时间。

2)机器的停工时间。机器的停工时间,按其性质,也可分为施工本身造成和非施工本身造成的停工。前者是由于施工组织得不好而引起的停工现象,如由于未及时供给机器燃料而引起的停工。后者是由于气候条件所引起的停工现象,如暴雨时压路机的停工。上述停工中延续的时间,均为机器的停工时间。

3)违反劳动纪律引起的机器的时间损失。违反劳动纪律引起的机器的时间损失,是指由于工人迟到早退或擅离岗位等原因引起的机器停工时间。

4)低负荷下的工作时间。低负荷下的工作时间,是由于工人或技术人员的过错所造成的施工机械在降低负荷的情况下工作的时间。例如,工人装车的砂石数量不足引起的汽车在降低负荷的情况下工作所延续的时间。此项工作时间不能作为计算时间定额的基础。

## 2.3　测定时间消耗的基本方法

### 2.3.1　计时观察法概述

计时观察法,是研究工作时间消耗的一种技术测定方法。它以研究工时消耗为对象,以观察测时为手段,通过密集抽样和粗放抽样等技术进行直接的时间研究。计时观察法用于建筑施工中时,以现场观察为主要技术手段,所以也称之为现场观察法。

计时观察法的具体用途:

(1)取得编制施工劳动定额和机械定额所需要的基础资料和技术根据。

(2)研究先进工作法和先进技术操作对提高劳动生产率的具体影响,并应用和推广先进工作法和先进技术操作。

(3)研究减少工时消耗的潜力。

(4)研究定额执行情况,包括研究大面积、大幅度超额和达不到定额的原因,积累资料、反馈信息。

计时观察法能够把现场工时消耗情况和施工组织技术条件联系起来加以考察,它不仅能为制定定额提供基础数据,而且也能为改善施工组织管理、改善工业过程和操作方法、消除不合理的工时损失和进一步挖掘生产潜力提供技术根据。计时观察法的局限性是考虑人的因素不够。

### 2.3.2　计时观察前的准备工作

1. 确定需要进行计时观察的施工过程

计时观察前的第一个准备工作,是研究并确定有哪些施工过程需要进行计时观察。对于需要进行计时观察的施工过程要编出详细的目录，拟定工作进度计划，制定组织技术措施，并组织编制定额的专业技术队伍，按计划认真开展工作。在选择观察对象时，必须注意所选择的施工过程要完全符合正常施工条件。所谓施工的正常条件，是指绝大多数企业和施工队、组，在合理组织施工的条件下所处的施工条件。与此同时，还需要调查影响施工过程的技术因素、组织因素和自然因素。

2. 对施工过程进行预研究

对于已确定的施工过程的性质应进行充分的研究，目的是为了正确地安排计时观察和收集可靠的原始资料。研究的方法，是全面地对各个施工过程及其所处的技术组织条件进行实际调查和分析，以便设计正常的（标准的）施工条件和分析研究测时数据。

（1）熟悉与该施工过程有关的现行技术规范和技术标准等文件和资料。

（2）了解新采用的工作方法的先进程度，了解已经得到推广的先进施工技术和操作，还应了解施工过程存在的技术组织方面的缺点和由于某些原因造成的混乱现象。

（3）注意系统地收集完成定额的统计资料和经验资料，以便与计时观察所得的资料进行对比分析。

（4）把施工过程划分为若干个组成部分（一般划分到工序）。施工过程划分的目的是便于计时观察。如果及时观察法的目的是为了研究先进工作法，或是分析影响劳动生产率提高或降低的因素，则必须将施工过程划分到操作以至动作。

（5）确定定时点和施工过程产品的计量单位。所谓定时点，即是上下两个相衔接的组成部分之间的分界点。确定定时点，对于保证计时观察的精确性是不容忽略的因素。确定产品计量单位，要能具体地反映产品的数量，并具有最大限度的稳定性。

3. 选择观察对象

所谓观察对象，就是对其进行计时观察完成该施工过程的工人。所选择的建筑安装工人，应具有与技术等级相符的工作技能和熟练程度，所承担的工作与其技术等级相符，同时应该能够或超额完成现行的施工劳动定额。

4. 其他准备工作

此外，还必须准备好必要的用具和表格。如测时用的秒表或电子计时器，测量产品数量的工具、器具，记录和整理测时资料用的各种表格等。如果有条件且有必要，还可配备电影摄像和电子记录设备。

### 2.3.3　计时观察法的主要方法

对施工过程进行观察、测时、计算实物和劳务产量，记录施工过程所处的施工条件和确定影响工时消耗的因素，是计时观察法的三项主要内容和要求。计时观察法主要有测时法、写实记录法和工作日写实法三种。

1. 测时法

测时法主要适用于测定定时重复的循环工作的工时消耗，是精确度比较高的一种即时观察法，一般可达到 0.2～15s。测时法只用来测定施工过程中循环组成部分工作时间消耗，不研究工人休息时间、准备与结束时间，即其他非循环的工作时间。

（1）选择法测时。选择法测时，是间隔选择施工过程中非紧连接的组成部分测定工时，精确度达到 0.5s。

采用选择法测时，当被观察的某一循环工作的组成部分开始，观察者立即开动秒表，当该组成部分终止，则立即停止秒表。然后，把秒表上指示的延续时间记录到选择法测时记录表上，并把秒针拨回零点。下一组成部分开始再开动秒表，如此依次观察，并依次记录下延续时间。

采用选择法测时，应特别注意掌握定时点。记录时间时仍在进行的工作组成部分，应不予观察。当所测定的各工序或操作的延续时间较短时，连续测定比较困难，用选择法测时比较方便而简单。

（2）接续法测时。接续法测时是连续测定一个施工过程各工序或操作的延续时间。接续法测时每次要记录各工序或操作的终止时间，并计算出本工序的延续时间。

接续法测时比选择法测时准确、完善，但观察技术也较之复杂。它的特点是在工作进行中和非循环组成部分出现之前一直不停止秒表，秒针走动过程中，观察者根据各组成部分之间的定时点，记录它的终止时间，再用定时点终止时间之间的差表示各组成部分的延续时间。

2．写实记录法

写实记录法是一种研究各种性质的工作时间消耗的方法，包括基本工作时间、辅助工作时间、不可避免中断时间、准备与结束时间及各种损失时间。采用这种方法，可以获得分析工作时间消耗和制定定额所必需的全部资料。这种测定方法比较简单、易于掌握，并能保证必需的精确度。因此，写实记录法在实际中得到了广泛应用。

写实记录法的观察对象，可以是一个工人，也可以是一个工人小组。当观察由一个人单独操作或产品数量可单独计算时，采用个人写实记录。如果观察工人小组的集体操作而产品数量又无法单独计算时，可采用集体写实记录。

（1）数示法写实记录。数示法的特征是用数字记录工时消耗，是三种写实记录法中精确度较高的一种，精确度达 5s，可以同时对两个工人进行观察，适用于组成部分较少而且比较稳定的施工过程。数示法用来对整个工作班或半个工作班进行长时间观察，因此能反映工人或机器工作日的全部情况。

（2）图示法写实记录。图示法是在规定格式的图表上用时间进度线条表示工时消耗量的一种记录方式，精确度可达 30s，可同时对 3 个以内的工人进行观察。这种方法的主要优点是记录简单，时间一目了然，原始记录整理方便。

（3）混合法写实记录。混合法吸取数字和图示两种方法的优点，以图示法中的时间进度线条表示工序的延续时间，在进度线的上部加写数字表示各时间区段的工人数。混合法适用于 3 个以上工人工作时间的集体写实记录。

3．工作日写实法

工作日写实法，是一种研究整个工作班内的各种工时消耗的方法。

运用工作日写实法主要有两个目的：一是取得编制定额的基础资料；二是检查定额的执行情况，找出缺点，改进工作。当用于第一个目的时，工作日写实的结果要获得观察对象在工作班内工时消耗的全部情况，以及产品数量和影响工时消耗的各种因素。其中，工时消耗应按工时消耗的性质分类记录。在这种情况下，通常需要测定 3～4 次。

当用于第二个目的时，通过工作日写实应做到：查明工时损失量和引起工时损失的原因，制订消除工时损失、改善劳动组织和工作地点组织的措施，查明熟练工人是否能发挥自己的专长，确定合理的小组编制和合理的小组分工；确定机器在时间利用和生产率方面的情况，找出使用不当的原因，订出改善机器使用情况的技术组织措施，计算工人或机器完成定额的实际百分比和可能百分比。在这种情况下，通常需要测定 1～3 次。

工作日写实法与测时法、写实记录法相比较,具有技术简便、费力不多、应用面广和资料全面的优点,在我国是一种采用较广的编制定额的方法。

工作日写实法,利用写实记录表记录观察资料。记录时间时,不需要将有效工作时间分为各个组成部分,只需划分适合于技术水平和不适合于技术水平两类。但是工时消耗还需按性质分类记录。

### 2.3.4 测时数据的处理

#### 1. 确定抽样调查的适当范围

施工现场的时间测定人员常常要面对各种不同情况的施工过程和工序,而完成不同情况下的施工过程和工序的时间消耗不同。例如,用起重机浇筑混凝土,其浇筑时间随吊斗的大小、模板开口的大小、混凝土的质量等因素的变化而变化。为了反映同一施工过程或工序在不同情况下时间消耗方面的差异性,必须绘制同一施工过程或工序的基本时间与一个变量或综合变量的关系图,并求得一条能有效反映基本时间与变量之间相互关系的最佳拟合线。例如,绘制不同的混凝土浇筑量与浇筑混凝土基本时间的最佳拟合线,根据不同的混凝土浇筑量对浇筑混凝土基本时间影响的大小,能帮助我们决定是否将不同量的混凝土浇筑过程划分成不同的工序,还是将其看成同一工序。如果看成不同工序,则按不同的浇筑量区间计算平均值作为不同工序的基本时间;如果看成同一工序,则不分浇筑量区间统一计算平均值作为同一工序的基本时间。前者综合程度低但准确性高,后者综合程度高但准确性低。

#### 2. 需要观察的次数

在进行时间测定时,对于工程量大、施工过程延续时间长以及在操作上和组织上也是独立的施工过程,如大型土方工程等精确度要求比较高;对于操作上和组织上相互联系并在时间上有交叉的施工过程,或比较次要、延续时间短的施工过程,精确度要求比较低。在保证一定的精确度要求的条件下,观察的次数可以根据同一施工过程组成部分的不同延续时间所形成的测时数列的稳定系数来确定。

稳定系数 $K_p = $ 数列中最大值 $t_{max}$/数列中最小值 $t_{min}$

在所要求的精确度范围内,根据误差理论,可求得必需的观察次数,见表 2-1。

**表 2-1**             **测量所必需的观察次数 (n)**

| 稳定系数 | 要求的算术平均值 E (%) | | | | |
|---|---|---|---|---|---|
| | 5 以内 | 7 以内 | 10 以内 | 15 以内 | 20 以内 |
| 1.5 | 9 | 6 | 5 | 5 | 5 |
| 2 | 16 | 11 | 7 | 5 | 5 |
| 2.5 | 23 | 15 | 10 | 6 | 5 |
| 3 | 30 | 18 | 12 | 8 | 6 |
| 4 | 39 | 25 | 15 | 10 | 7 |
| 5 | 47 | 31 | 19 | 11 | 8 |

表中精确度 E 的计算公式如下:

$$E = \pm \frac{1}{x} \sqrt{\frac{\sum \delta^2}{n(n-1)}}$$

式中    $n$——观察次数;

$\delta$——每次观察值与算术平均值之差；

$\overline{x}$——算术平均值。

**【例 2-1】**　某一施工工序共观察 12 次，所测得观测值分别为 40、35、30、28、31、36、29、30、50、32、33、34。试检查观察次数是否满足需要。

**解**　（1）首先，计算算术平均值 $\overline{x}$

$$\overline{x}=\frac{40+35+30+28+31+36+29+30+50+32+33+34}{12}=34$$

（2）计算各观测值与算术平均值的偏差（$\delta$）

偏差（$\delta$）分别为：$+6$、$+1$、$-4$、$-6$、$-3$、$+2$、$-5$、$-4$、$+16$、$-2$、$-1$、$0$

（3）计算算术平均精确度

$$E=\pm\frac{1}{\overline{x}}\sqrt{\frac{\sum\delta^2}{n(n-1)}}$$

$$=\pm\frac{1}{34}\sqrt{\frac{6^2+1^2+4^2+6^2+3^2+2^2+5^2+4^2+16^2+2^2+1^2+0^2}{12\times(12-1)}}$$

$$=5.15\%$$

（4）计算稳定系数

$$K_P=\frac{t_{max}}{t_{min}}=\frac{50}{28}=1.78$$

根据以上所求得的稳定系数和算术平均值精确度，即可查阅表 2-1 测时所必需的观察次数表。表中规定算术平均值精确度在 7% 以内，稳定系数在 2 以内时，应测定 11 次。显然，本工序的观察次数已满足要求。

3. 标准时间的计算

在通过观察测时获得测时数列的基础上，使用"平均修正法"来对观察资料进行系统的分析研究和整理，分别计算工序的基本时间及相应的时间损耗，最终得到工序的标准时间。修正测时数列，就是剔除或修正那些偏高、偏低的可疑数值，目的是保证不受那些偶然性因素的影响。

确定偏高和偏低的时间数值方法，是计算出最大极限数值和最小极限数值，以确定可疑值。超过极限值的时间数值就是可疑值。

$$\lim t_{max}=\overline{x}+k(t_{max}-t_{min})$$

$$\lim t_{min}=\overline{x}-k(t_{max}-t_{min})$$

式中　$\lim t_{max}$——根据误差理论得出的最大极限值；

$\lim t_{min}$——根据误差理论得出的最小极限值；

$t_{max}$——测时数列中的最大值；

$t_{min}$——测时数列中的最小值；

$\overline{x}$——算术平均值；

$k$——根据误差理论得出的调整系数，见表 2-2。

表 2-2　　　　　　　　　　　　　调 整 系 数 表

| 观察次数 | 5 | 6 | 7~8 | 9~10 | 11~15 | 16~30 | 31~53 | 54 以上 |
|---|---|---|---|---|---|---|---|---|
| 调整系数 $k$ | 1.3 | 1.2 | 1.1 | 1.0 | 0.9 | 0.8 | 0.7 | 0.6 |

**【例2-2】** 试对［例2-1］中测时数列进行整理。

**解**　［例2-1］数列中误差大的可以数值为50，根据上述清理方法抽去这一数值。然后，根据误差极限算是计算其最大极限。

$$\overline{x} = \frac{40+35+30+28+31+36+29+30+32+33+34}{11} = 32.55$$

$$\lim t_{max} = \overline{x} + k(t_{max} - t_{min})$$

$$= 32.55 + 0.9 \times (40 - 28) = 43.35 < 50$$

综上所述，该工序数列必须抽去可以数值50，其算术平均修正值为32.55。

4. 定额时间确定

在取得各工序的标准时间消耗基础上，按某个工作过程中各工序之间在工艺及组织上的逻辑关系，可综合成反映该工作过程消耗情况的定额时间；如果按综合工作过程进一步综合，即可得到反映该综合工作过程消耗情况的定额时间。

由于工时研究是编制劳动定额和机械台班消耗定额的基础性工作，而劳动定额和机械台班消耗定额又是企业生产管理的重要依据，所以在建设工程中用好时间研究这一管理技术，对提高建筑业的管理水平有着重要意义。

## 2.4　劳动消耗定额的编制

### 2.4.1　劳动消耗定额的概念

劳动消耗定额（也称人工消耗定额）是指在正常技术组织条件和合理劳动组织条件下，生产单位合格产品所需消耗的工作时间，或在一定时间内生产的合格产品数量。在各种定额中，人工消耗定额都是很重要的组成部分。人工消耗的含义是指活劳动的消耗，而不是活化劳动和物化劳动的全部消耗。

### 2.4.2　劳动消耗定额的表现形式

劳动定额的基本表现形式分为时间定额和产量定额两种。

1. 时间定额

时间定额是指在正常生产技术组织条件和合理的劳动组织条件下，某工种、某种技术等级的工人小组或个人，完成单位合格产品所必须消耗的工作时间。

时间定额以"工日"为计量单位，每个工人工作时间按现行制度规定为8h。如工日/m³、工日/m²、工日/m、工日/t、工日/座等。

2. 产量定额

产量定额是指在正常的生产技术组织条件和合理的劳动组织条件下，某工种、某技术等级的工人小组或个人，在单位时间内（工日）所应完成合格产品的数量。

产量定额是以"产品的单位"为计量单位，如m³/工日、m²/工日、m/工日、t/工日、块（件）/工日等。

3. 时间定额与产量定额的关系

时间定额与产量定额之间的关系是互为倒数，即

$$时间定额 = \frac{1}{产量定额}$$

或　　　　　　　　　　　　　　　$$时间定额 \times 产量定额 = 1$$

需要注意的是：当时间定额减少时，产量定额相应增加，反之也成立。但它们增减的百分比并不相同。

时间定额和产量定额，虽然以不同的形式表示同一劳动定额，但都有不同的用途。时间定额是以工日为计算单位，便于计算某工序（或工种）所需总工日数，也易于核算工资和编制施工作业计划；产量定额是以产品数量为计算单位，便于施工队向工人分配任务，考核工人劳动生产率。

### 2.4.3 劳动消耗定额的制定方法

1. 技术测定法

技术测定法是指应用测时法、写实记录法、工作日写实法等几种计时观察法获得的工作时间的消耗数据，进而制定人工消耗定额。劳动定额的表现形式有时间定额和产量定额两种，它们之间互为倒数关系，拟定出时间定额，即可计算出产量定额。

时间定额在拟定基本工作时间、辅助工作时间、准备与结束的工作时间、不可避免的中断时间及休息时间的基础上制定。

(1) 拟定基本工作时间（$N_基$）。基本工作时间在必需消耗的工作时间中占的比重最大。在确定基本工作时间时，必须细致、精确。基本工作实际消耗一般应根据计时观察资料来确定。其做法为：首先，确定工作过程每一组成部分的工时消耗；然后，再综合出工作过程的工时消耗。如果组成部分的产品计量单位和工作过程的产品计量单位不符，就需先求出不同计量单位的换算系数，进行产品计量单位的换算，然后再相加，求得工作过程的工时消耗。

(2) 拟定辅助工作时间（$N_辅$）。辅助工作时间的确定方法与基本工作时间相同。如果在计时观察时不能取得足够的资料，也可采用工时规范或经验数据来确定。如具有现行的工时规范，可以直接利用工时规范中规定的辅助工作时间的百分比来计算。举例见表 2-3。

表 2-3 木作工程各类辅助工作时间的百分率参考

| 工作项目 | 占工序作业时间（%） | 工作项目 | 占工序作业时间（%） |
|---|---|---|---|
| 磨刨刀 | 12.3 | 磨线刨 | 8.3 |
| 磨槽刨 | 5.9 | 锉锯 | 8.2 |
| 磨凿子 | 3.4 | | |

(3) 确定准备与结束时间（$N_准$）。准备与结束工作时间分为工作日和任务两种。任务的准备于结束时间通常不能集中在某一个工作日中，而是采取分摊计算的方法，分摊在单位产品的时间定额里。

如果在计时观察资料中不能取得足够的准备与结束时间的资料，也可根据工时规范或经验数据来确定。

(4) 确定不可避免的中断时间（$N_断$）。在确定不可避免中断时间的定额时必须注意，由工艺特点所引起的不可避免中断才可列入工作过程的时间定额。不可避免中断时间也需要根据测时资料通过整理分析获得，也可根据经验数据或工时规范，以占工作日的百分比表示此项工时消耗的时间定额。

(5) 拟定休息时间（$N_休$）。休息时间应根据工作班休息制度、经验资料、计时观察资料，以及对工作的疲劳程度做全面分析来确定。同时，应考虑尽可能利用不可避免中断时间作为休息时间。

（6）拟定定额时间（$N$）。确定了基本工作时间、辅助工作时间、准备与结束工作时间、不可避免中断时间和休息时间后，即可计算劳动定额的时间定额。计算公式如下：

$$定额工作延续时间(N) = 基本工作时间(N_基) + 其他工作时间$$

式中

其他工作时间 = 辅助工作时间 + 准备与结束工作时间 + 不可避免中断时间 + 休息时间

即

$$N = N_基 + (N_辅 + N_准 + N_断 + N_休)$$

在实际应用中，其中的工作时间一般有两种表达计算方式：

第一种方法：其他工作时间以占工作延续时间的表达，计算公式为

$$定额工作延续时间 = \frac{基本工作时间}{1 - 其他各项时间所占百分比}$$

第二种方法：其他工作时间以占基本工作时间的比例表达，则计算公式为：

$$定额工作延续时间 = 基本工作时间 \times (1 + 其他各项时间所占百分比)$$

【例 2 - 3】　某型钢支架工作，测时资料表明，焊接每吨（t）型钢支架需基本工作时间为 50h，辅助工作时间、准备与结束工作时间、不可避免中断时间、休息时间分别占工作延续时间的 3%、2%、2%、16%。试确定该支架的人工时间定额和产量定额。

**解**　（1）工作延续时间 $= \dfrac{50}{1 - (3\% + 2\% + 2\% + 16\%)} = 64.94h$

（2）时间定额 $= \dfrac{64.94}{8} = 8.12$ 工日/t

（3）产量定额 $= \dfrac{1}{时间定额} = \dfrac{1}{8.12} = 0.12t/$工日

【思考】人工挖土方，按土壤分类属于二类土（普通土），测时资料表明，挖 1m³ 土需消耗基本工作时间 55min，辅助工作时间占基本工作时间的 2.5%，准备与结束时间占基本工作时间的 3%，不可避免中断时间占基本工作时间的 1.5%，休息时间占工作验血时间的 15%，试确定人工挖土方的时间定额和产量定额。

2. 比较类推法

比较类推法，也称典型定额法。是以某一同类工序、同类型产品定额典型项目的水平或实际消耗的工时定额为标准，经过分析对比，类推出另一种工序或产品定额的水平或时间定额的方法。比较类推法的计算方法方式为：

$$t = pt_0$$

式中　$t$——比较类推同类相邻定额相同的时间定额；

$p$——各同类相邻项目耗用时间的比例；

$t_0$——典型项目的时间定额。

这种方法简便、工作量小，只要典型定额选择恰当、切合实际、具有代表性，类推出的定额水平一般比较合理。这种方法适用于同类型产品规格多、批量小的施工（生产）过程。

采用这种方法，要特别注意掌握工序、产品的施工（生产）工艺和劳动组织"类似"或"近似"的特征，细致地分析施工（生产）过程的各种影响因素，防止将因素变化很大的项目作为同类型产品项目比较类推。对典型定额的选择必须恰当，通常采用主要项目的常用项目作为典型定额比较类推。这样，就能够提高定额水平的精确度；否则，就会降低定额水平的精确度。

**3. 统计分析法**

统计分析法是把过去施工中同类工程或生产同类建筑产品的工时消耗加以科学地分析、统计，并结合当前生产技术组织条件的变化因素，进行分析研究、整理和修正。

由于统计分析资料反映的是工人已完成工作时达到的相应水平。在实际统计时，没有剔除施工中不利的因素，因而这个水平偏于保守。为了克服统计分析资料这个缺陷，使确定出来的定额水平保持平均先进的性质，可利用"二次平均法"计算平均先进值作为确定定额水平的依据。计算步骤如下：

（1）先剔除统计的数列中特别偏高、偏低的明显不合理的数据值。

（2）计算平均数 $\overline{t_n}$。

$$\overline{t_n} = \frac{t_1 + t_2 + t_3 + \cdots + t_n}{n}$$

（3）计算平均先进值 $\overline{t}$。平均数 $\overline{t_n}$ 与数列中小于 $\overline{t_n}$ 的 $m$ 个数值的平均数 $\overline{t_m}$ 相加，再求其平均数，即所求的平均先进值。

$$\overline{t_m} = \frac{t_1 + t_2 + t_3 + \cdots + t_m}{m}$$

$$\overline{t} = \frac{t_n + t_m}{2}$$

**4. 经验估计法**

经验估计法是由定额测定员、工程技术员和工人，根据个人或集体实践经验，经过图纸分析、现场观察、分解施工工艺、分析施工的生产技术组织条件和操作方法等情况，进行座谈讨论，从而制定定额的方法。

运用经验估计法制定定额，是以工序为对象，先根据经验分别估计算出工序组织部分操作、动作的基本时间、辅助工作时间、准备与结束时间和休息时间，经过综合整理并优化，即得出该工序的时间定额或产量定额。

这种方法的优点是方法简单、速度快、工作量小；其缺点是定额水平由于无科学的技术测定定额，精确度差，并易受制定人员的主观因素和个人水平的影响，使定额出现偏高或偏低的现象，定额水平不易掌握。因此，经验估计是适用企业内部，作为某些项目的补充定额。为了提高经验估算的精确度，使取定的定额水平适当，可用概率论的方法来估算定额。其基本步骤为：

（1）请有经验的人员，分别对某一单位产品和施工过程进行估算，得出三个工时消耗数值：先进值为 $a$，一般值为 $m$，保守值为 $b$。

（2）求出它们的平均值。

$$\overline{t} = \frac{a + 4m + b}{6}$$

（3）求出均方差。

$$\sigma = \left| \frac{a - b}{6} \right|$$

（4）根据正态分布公式，求出调整后的工时定额。

$$t = \overline{t} + \lambda\sigma$$

式中，$\lambda$ 为数值 $\sigma$ 的系数，从表 2-4 中可以查到系数 $\lambda$ 值所对应的概率 $P(\lambda)$。

表2-4                            正态分布表

| λ | P(λ) | λ | P(λ) | λ | P(λ) |
|---|---|---|---|---|---|
| −0.5 | 0.31 | 0.5 | 0.69 | 1.5 | 0.93 |
| −0.4 | 0.34 | 0.6 | 0.73 | 1.6 | 0.95 |
| −0.3 | 0.38 | 0.7 | 0.76 | 1.7 | 0.96 |
| −0.2 | 0.42 | 0.8 | 0.79 | 1.8 | 0.96 |
| −0.1 | 0.46 | 0.9 | 0.82 | 1.9 | 0.97 |
| 0.0 | 0.50 | 1.0 | 0.84 | 2.0 | 0.98 |
| 0.1 | 0.54 | 1.1 | 0.86 | 2.1 | 0.98 |
| 0.2 | 0.58 | 1.2 | 0.88 | 2.2 | 0.98 |
| 0.3 | 0.62 | 1.3 | 0.90 | 2.3 | 0.99 |
| 0.4 | 0.66 | 1.4 | 0.92 | 2.4 | 0.99 |

### 2.4.4 劳动定额示例

中华人民共和国劳动和劳动安全行业标准《建设工程劳动定额》于2009年1月8日经住房和城乡建设部、人力资源和社会保障部审查批准,由住房和城乡建设部标准定额司和人力资源和社会保障部以人社部发〔2009〕10号文联合发布,自2009年3月1日开始实施。

《建设工程劳动定额》作为建设行业劳动标准,包括建筑工程、装饰工程、安装工程、市政工程、园林绿化工程5个专业,30项标准。其中,建筑工程包括材料运输与加工工程、人工土石方工程、架子工程、砌筑工程、木结构工程、模板工程、钢筋工程、混凝土工程、防水工程、金属结构工程、防腐隔热保温工程11个分册。装饰工程包括抹灰与镶贴工程、门窗及木装饰工程、油漆涂料裱糊工程、玻璃幕墙及采光屋面工程4个分册。

表2-5为现浇柱钢筋制作与绑扎时间定额表。

表2-5                    现浇柱钢筋制作与绑扎时间定额表                    单位:工日/t

| 定额编号 | | AG0025 | AG0026 | AG0027 | 序号 |
|---|---|---|---|---|---|
| 项目 | | 矩形、构造柱 | | | |
| | | 主筋直径/mm | | | |
| | | ≤16 | ≤25 | >25 | |
| 综合 | 机制手绑 | 6.50 | 4.51 | 3.48 | 一 |
| | 部分机制手绑 | 7.38 | 5.12 | 3.94 | 二 |
| 制作 | 机械 | 2.66 | 1.83 | 1.40 | 三 |
| | 部分机械 | 3.54 | 2.44 | 1.86 | 四 |
| 手工绑扎 | | 3.84 | 2.68 | 2.08 | 五 |

注:1. 柱绑扎如带牛腿、方角、柱帽、柱墩者,每10个增加1.00工日,其钢筋重量与柱合并计算,制作不另加工。
2. 柱不论竖筋根数多少或单箍、双箍,均按标准执行。

【例2-4】 某工程采用现浇钢筋混凝土矩形柱(带一牛腿),已计算每个柱钢筋用量:

Φ 25　1.011t，Φ 20　0.652t，Φ 12　0.212t，Φ 8　0.153t。采用机制手绑，共有同类型柱 20 根。试计算完成这批柱钢筋制作绑扎所需的总工日数。

**解**　（1）计算柱钢筋工程量。查表 2-5 可知，柱带牛腿，其钢筋重量与柱合并计算，并根据主筋规格不同，分别计算工程量。

Φ 16 以内钢筋：（0.153＋0.212）×20＝7.30t

Φ 25 以内钢筋：（0.652＋1.011）×20＝33.26t

（2）计算柱钢筋制作绑扎工日数。查表 2-5 可知，Φ 16 以内、Φ 25 以内机制手绑时间定额分别为 6.50 工日/t、4.51 工日/t。

工日数＝6.50×7.30＋4.51×33.26＝197.45 工日

（3）计算柱牛腿钢筋增加工日数。根据表 2-5 附注说明，柱钢筋绑扎带牛腿者，每 10 个增加 1 个工日。

增加工日数＝1×20/10＝2 工日

（4）完成这批柱钢筋制作绑扎所需总工日数。

总工日数＝197.45＋2＝199.45 工日

## 2.5　材料消耗定额的编制

### 2.5.1　材料消耗定额的概念

材料消耗定额是指在合理和节约使用材料的前提下，生产单位合格产品所必须消耗的建筑材料（半成品、配件、燃料、水、电）的数量标准。

在一般工业与民用建筑工程中，材料消耗占工程成本的 60%～70%，材料消耗定额的任务，就在于利用定额这个经济杠杆，对材料消耗进行控制和监督，以达到降低物资消耗和工程成本的目的。

### 2.5.2　材料的分类

合理确定材料消耗定额，必须研究和区分材料在施工过程中的类别。

1. 根据材料消耗的性质划分

施工中材料的消耗，可分为必需消耗的材料和损失的材料两类性质。

必需消耗的材料，是指在合理用料的条件下，生产合格产品所需消耗的材料。它包括：直接用于建筑和安装工程的材料；不可避免的施工废料；不可避免的材料损耗。

必需消耗的材料属于施工正常消耗，是确定材料消耗定额的基本数据。其中：直接用于建筑和安装工程的材料，编制材料净用量定额；不可避免的施工废料和材料损耗，编制材料损耗定额。

$$材料消耗量＝材料净用量＋材料损耗量$$

当
$$损耗率＝\frac{材料损耗量}{材料净用量}×100\%$$

则
$$材料消耗量＝材料净用量×（1＋损耗率）$$

2. 根据材料消耗与工程实体的关系划分

施工中的材料可分为实体材料和非实体材料两类。

（1）实体材料。实体材料是指直接构成工程实体的材料。它包括工程直接性材料和辅助材料。工程直接性材料主要是指一次性消耗、直接用于工程上构成建筑物或结构本体的材料，如钢筋混凝土柱中的钢筋、水泥、砂、碎石等；辅助性材料主要是指虽也是施工过程中所必需，却并不构成建筑物或结构本体的材料。如土石方爆破工程中所需的炸药、引信、雷管等。主要材料用量大，辅助材料用量少。

（2）非实体材料。非实体材料是指在施工中必须使用但又不能构成工程实体的施工措施性材料。非实体材料主要是指周转性材料，如模板、脚手架等。

### 2.5.3 非周转材料消耗定额的编制

确定实体材料的净用量定额和材料损耗量定额的计算数据，通过现场技术测定、试验室试验、现场统计和理论计算等方法获得。

1. 现场技术测定法

现场技术测定法，又称为观测法，是根据对材料消耗过程的测定与观察，通过完成产品数量和材料消耗量的计算，而确定各种材料消耗定额的一种方法。现场技术测定法主要适用于确定材料损耗量，因为该部分数值用统计法或其他方法较难得到。通过现场观察，还可以区别出哪些是可以避免的损耗、哪些是属于难以避免的损耗，明确定额中不应列入可以避免的损耗。

2. 试验室试验法

试验室试验法，主要用于编制材料净用量定额。通过试验，能够对材料的结构、化学成分和物理性能以及按强度等级控制的混凝土、砂浆、沥青、油漆等配比做出科学的结论，给编制材料消耗定额提供有技术根据的、比较精确的计算数据；但其缺点在于无法估计到施工现场某些因素对材料消耗量的影响。

3. 现场统计法

现场统计法，是以施工现场积累的分部分项工程使用材料数量、完成产品数量、完成工作原材料的剩余数量等统计资料为基础，经过整理分析，获得材料消耗的数据。这种方法由于不能分清材料消耗的性质，因而不能作为确定材料净用量定额和材料损耗定额的依据，只能作为编制定额的辅助性方法使用。

以上三种方法的选择必须符合国家有关标准、规范，即材料的产品标准、计量要使用标准容器和称量设备，质量符合施工验收规范要求，以保证获得可靠的定额编制依据。

4. 理论计算法

理论计算法，是根据设计图纸、施工规范及材料规格，运用一定的数学公式计算材料消耗定额的方法。主要适用于计算按件论块的现成制品材料，例如砖石砌体、装饰材料中的砖石、镶贴材料等。其方法比较简单，先计算材料的净用量、材料的损耗量，然后两者相加，即为材料消耗定额。

**【例 2-5】** 试计算一砖半标准砖外墙每立方米砌体中砖和砂浆的消耗量，设砖和砂浆的损耗量均为 1%。

**解** 每立方米砖砌体材料材料消耗量的计算

$$砖净用量（块）= \frac{墙厚砖数 \times 2}{墙厚 \times （砖长 + 灰缝） \times （砖厚 + 灰缝）}$$

$$砖消耗量 = 砖净用量 \times （1 + 损耗率）$$

$$砂浆消耗量（m^3）= （1 - 砖净用量 \times 每块砖体积） \times （1 + 损耗率）$$

标准砖尺寸为 240×115×53mm；灰缝为 10mm；墙厚砖数见表 2-6。

**表 2 - 6**　　　　　　　　　　　　　**墙　厚　砖　数**

| 墙厚砖数 | 1/2 | 3/4 | 1 | 3/2 | 2 |
|---|---|---|---|---|---|
| 墙厚/m | 0.115 | 0.178 | 0.24 | 0.365 | 0.49 |

所以　砖净用量 $= \dfrac{1.5 \times 2}{0.365 \times (0.24 + 0.01) \times (0.053 + 0.01)} = 522$ 块

砖消耗量 $= 522 \times (1 + 1\%) = 527$ 块

砂浆消耗量 $= (1 - 522 \times 0.24 \times 0.115 \times 0.053) \times (1 + 1\%) = 0.239 \text{m}^3$

**【例 2 - 6】**　用 1：1 水泥砂浆贴 150mm × 150mm × 5mm 瓷砖墙面，结合层厚度为 10mm，试计算每 100m² 瓷砖墙面中瓷砖和砂浆的消耗量（灰缝宽为 2mm）。假设瓷砖损耗率为 1.5%，砂浆损耗率为 1%。

**解**　每 100m² 墙面中瓷砖的净用量 $= \dfrac{100}{(0.15 + 0.002) \times (0.15 + 0.002)} = 4328.25$ 块

每 100m² 墙面中瓷砖的消耗量 $= 4328.25 \times (1 + 1.5\%) = 4394$ 块

每 100m² 墙面中结合层砂浆净用量 $= 100 \times 0.01 = 1 \text{m}^3$

每 100m² 墙面中灰缝砂浆净用量 $= [100 - (4328.25 \times 0.15 \times 0.15)] \times 0.005 = 0.013 \text{m}^3$

每 100m² 墙面中砂浆的消耗量 $= (1 + 0.013) \times (1 + 1\%) = 1.02 \text{m}^3$

### 2.5.4　周转材料消耗定额的编制

周转性材料在施工过程中不是一次消耗完，而是多次使用、逐渐消耗、不断补充的周转工具性材料。对逐渐消耗的那部分应采用分次摊销的办法计入材料消耗量，进行回收。如生产预制钢筋混凝土构件、现浇混凝土及钢筋混凝土工程用的模具，搭设脚手架用的脚手杆、跳板，挖土方用的挡土板、护桩等，均属于周转性材料。

周转性材料消耗定额，应当按照多次使用、分期摊销方式进行计算，即周转性材料在材料消耗定额中，以摊销量表示。

**1. 现浇钢筋混凝土模板摊销量**

（1）材料一次使用量。材料一次使用量是指为完成定额单位合格产品，周转性材料在不重复使用条件下的一次性用量，通常根据选定的结构设计图纸进行计算。

$$\text{一次使用量} = \frac{\text{每 10m}^3 \text{ 混凝土和模板接触面积} \times \text{每平方米接触面积用量}}{1 - \text{模板制作、安装损耗率}}$$

混凝土模板接触面积应根据施工图计算。

（2）材料周转次数。材料周转次数是指周转性材料从第一次使用起，到报废为止，可以重复使用的次数。一般采用现场观察法或统计分析法来测定材料周转次数，或查相关手册。

（3）材料补损量。材料补损量是指周转使用一次后由于损坏需补充的数量，也就是在第二次和以后各次周转中为了修补难以避免的损坏所需的材料损坏，通常用补损率表示。补损率的大小主要取决于材料的拆除、运输和堆放的方法以及施工现场的条件。一般情况下，补损率要随周转次数增多而加大，所以一般采取平均补损率来计算。

$$\text{补损率} = \frac{\text{平均每次损耗量}}{\text{一次使用量}} \times 100\%$$

（4）材料周转使用量。材料周转使用量是指周转性材料在周转使用和补损条件下，每周转使用一次平均所需材料数量。一般应按材料周转次数和每次周转发生的补损量等因素，计算生产一定计量单位结构构件的材料周转使用量。

周转性材料在其由周转次数决定的全部周转过程中，投入使用总量为：

投入使用总量 ＝ 一次使用量 ＋ 一次使用量 × (周转次数 － 1) × 损耗率

因此，周转使用量应根据下列公式计算：

$$周转使用量 = \frac{一次使用量 + 一次使用量 × (周转次数 - 1) × 补损率}{周转次数}$$

$$= \frac{一次使用量 × [1 + (周转次数 - 1) × 补损率]}{周转次数}$$

（5）材料回收量。在一定周转次数下，每周转使用一次平均可以回收材料的数量。

$$回收量 = \frac{一次使用量 - (一次使用量 × 补损率)}{周转次数}$$

$$= 一次使用量 × \frac{1 - 补损率}{周转次数}$$

（6）材料摊销量。周转性材料在重复使用条件下，应分摊到每一计量单位结构构件的材料消耗量。这是应纳入定额的实际周转性材料消耗数量。周转性材料摊销量是指完成一定计量单位产品，一次消耗周转性材料的数量。

摊销量 ＝ 周转使用量 － 回收量

【例 2 - 7】　钢筋混凝土构造柱按选定的模板设计图纸，每 $10m^3$ 混凝土模板接触面积 $66.7m^2$，每 $10m^2$ 接触面积需木板材 $0.375m^3$，模板的损耗率为 5%，周转次数为 8 次，每次周转补损率为 15%，试计算模板摊销量。

**解**　一次使用量 $= \dfrac{66.7 × 0.375/10}{1 - 5\%} = 2.633m^3$

周转使用量 $= 2.633 × \dfrac{1 + (8 - 1) × 15\%}{8} = 0.675m^3$

回收量 $= 2.633 × \dfrac{1 - 15\%}{8} = 0.28m^3$

摊销量 $= 0.675 - 0.28 = 0.395m^3$

2. 预制构件模板计算

预制混凝土构件的模板，虽属周转使用材料，但其摊销量的计算方法与现浇混凝土木模板计算方法不同，按照多次使用评价摊销的方法计算，即不需计算每次周转的损害，只需根据一次使用量及周转次数，即可计算出摊销量。计算公式如下：

$$摊销量 = \frac{一次使用量}{周转次数}$$

其他定型模板，如组合式钢模板、复合木模板，亦按上式计算摊销量。

【例 2 - 8】　按选定的预制过梁标准图集，每 $1m^3$ 构件模板接触面积为 $10.16m^2$，模板净用量为 $0.095m^3$，模板损耗率为 5%，模板周转次数为 20 次，计算 $1m^3$ 预制过梁模板摊销量。

**解**　模板一次使用量 $= \dfrac{10.16 × 0.095}{1 - 5\%} = 1.016m^3$

摊销量 $= \dfrac{1.016}{20} = 0.051m^3$

## 2.6　机械消耗定额的编制

### 2.6.1　机械台班消耗定额的概念

机械台班消耗定额，是指在正常施工、合理的劳动组织和合理使用施工机械的条件下，生产单位合格产品所必需的一定品种、规格施工机械作业时间的消耗标准。

所谓"台班"就是一台机械工作一个工作班（即 8h）。

### 2.6.2　机械台班消耗定额的表现形式

机械台班消耗定额的表现形式有时间定额和产量定额。

1. 机械时间定额

在正常的施工条件和合理的劳动组织下，完成单位合格产品所必须消耗的机械台班数量。

2. 机械台班产量定额

在正常的施工条件和合理的劳动组织下，在一个台班时间内必须完成的单位合格产品的数量。

3. 机械台班时间定额和机械台班产量定额的关系

机械时间定额和机械台班产量定额之间互为倒数。

即　　　　　　　　　机械时间定额×机械台班产量定额＝1

或

$$机械时间定额＝\frac{1}{机械产量定额}$$

### 2.6.3　施工机械台班消耗定额的编制

1. 拟定施工机械工作的正常条件

机械工作与人工操作相比，其劳动生产率与其他施工条件密切相关，拟定机械施工条件，主要是拟定工作地点的合理组织和合理的工人编制。

（1）工作地点的合理组织。工作地点的合理组织就是对施工地点机械和材料的放置位置、工作操作场所做出科学而合理的布置和空间安排，尽可能做到最大限度地发挥机械的效能，减少工人的劳动强度与时间。

（2）拟定合理的工人编制。拟定合理的工人编制就是根据施工机械的性能和设计能力、工人的专业分工和劳动工效，合理确定能保持机械正常生产率和工人正常劳动工效的工人编制人数。

2. 确定机械纯工作 1h 正常生产率

机械纯工作时间，就是指机械必须消耗的时间。机械 1h 纯工作正常生产率，就是在正常施工组织条件下，具有必需的知识和技能的技术工人操作机械 1h 的生产率。

根据机械工作特点的不同，机械 1h 纯工作正常生产率的确定方法，也有所不同。

（1）循环动作机械。循环动作机械是指机械重复、有规律地在每一周期内进行同样次序的动作。如塔式起重机、混凝土搅拌机、挖掘机等。这类机械纯工作时间正常生产率的计算公式如下：

机械一次循环的正常延续时间(s)＝∑（循环各组成部分正常延续时间）

－重叠时间机械纯工作1h循环次数

$$= \frac{60 \times 60(\text{s})}{\text{一次循环的正常延续时间(s)}}$$

$$\text{机械纯工作 1h 正常生产率} = \text{机械纯工作 1h 正常循环次数} \\ \times \text{一次循环生产的产品数量}$$

（2）连续动作机械。连续动作机械是指机械工作时无规律的周期界限，是不停地做某一种动作，如皮带运输机等。

其纯工作 1h 的正常生产率计算公式如下：

$$\text{连续动作机械纯工作 1h 正常生产率} = \frac{\text{工作时间内生产的产品数量}}{\text{工作时间(h)}}$$

式中，工作时间内的产品数量和工作时间的消耗要通过多次现场观察和机械说明书来取得数据。

3. 确定施工机械的正常利用系数

机械的正常利用系数是指机械在工作班内对工作时间的利用率。机械的利用系数和机械在工作班内的工作状况有这密切的关系，其计算公式如下：

$$\text{机械正常利用系数} = \frac{\text{机械在一个工作班内纯工作时间(h)}}{\text{一个工作班延续时间(h)}}$$

4. 计算施工机械台班消耗定额

施工机械台班消耗定额采用下列公式来计算：

$$\text{施工机械台班产量定额} = \text{机械纯工作 1h 正常生产率} \times \text{工作班纯工作时间} \\ = \text{机械纯工作 1h 正常生产率} \times \text{工作延续时间} \times \text{机械正常利用系数}$$

$$\text{施工机械时间定额} = \frac{1}{\text{机械台班产量额}}$$

【例 2-9】 某沟槽采用挖斗容量为 0.5m³ 的反铲挖掘机挖土，已知该挖掘机铲斗充盈系数为 1.0，每循环 1 次时间为 2min，机械利用系数为 0.85。试计算该挖掘机台班产量定额。

解 （1）机械一次循环时间＝2min

（2）机械纯工作 1h 循环次数＝60/2＝30 次

（3）机械纯工作 1h 正常生产率＝30×0.5×1＝15m³/h

（4）机械正常利用系数＝0.85

（5）挖掘机台班产量＝15×8×0.85＝102m³/台班

【例 2-10】 某工程基础土方地槽长为 255m，槽底宽为 2.8m，设计室外地坪标高为 −0.30m，槽底标高为 −2.2m，无地下水，放坡系数为 0.33，地槽两端不放坡，采用挖斗容量为 0.5m³ 的反铲挖掘机挖土，载重量为 5t 的自卸汽车将开挖土方量的 55% 运走，运距为 4km，其余土方量就地堆放。经测试的有关技术数据如下：

（1）土的松散系数为 1.2，松散状态密度为 1.60t/m³；

（2）挖掘机的铲斗充盈系数为 1.0，每循环 1 次时间为 3min，机械时间利用系数为 0.90；

（3）自卸汽车每一次装卸往返时间需 30min，时间利用系数为 0.85。

试求：

（1）该工程地槽土方工程开挖量为多少？

（2）所选挖掘机、自卸汽车的台班产量是多少？

（3）所需挖掘机、自卸汽车各多少台班？

（4）如果要求在 8d 内完成挖土方工作，至少需要多少台挖掘机和自卸汽车?

**解** （1）该工程地槽土方工程量

$$V = (B + KH) \times H \times L$$

$$H = 2.2 - 0.3 = 1.9m$$

$$V = (2.8 + 0.33 \times 1.9) \times 1.9 \times 255 = 1660.38m^3$$

（2）挖掘机台班产量定额。

每小时循环次数＝60/3＝20 次

每小时劳动生产率＝20×0.5×1＝10m³/h

每台班产量定额＝10×8×0.9＝72m³/台班

（3）自卸汽车台班产量定额。

每小时循环次数＝60/30＝2 次

每小时劳动生产率＝2×5/1.60＝6.25m³/h

每台班产量定额＝6.25×8×0.85＝42.50m³/台班

或 按自然状态土体积计算每台班产量＝6.25×8×0.85/1.20＝35.42m³/台班

（4）所需挖掘机、自卸汽车台班数量。

挖掘机台班数＝1660.38/72＝23.06 台班

自卸汽车台班数＝1660.38×55%×1.2/42.50＝25.78 台班

或 自卸汽车台班数＝1660.38×55%/35.42＝25.78 台班

（5）8d 完成土方工作的机械配备量。

挖掘机台数＝23.06/8＝2.88 台，取 3 台

自卸汽车台数＝25.78/8＝3.22 台，取 4 台

**【例 2 - 11】** 砌筑一砖半墙的技术测定资料如下：

（1）完成 1m³ 砖砌体需基本工作时间 15.8h，辅助工作时间占工作延续时间的 5%，准备与结束工作时间占 3%，不可避免中断时间占 2%，休息时间占 15%。

（2）砖墙采用 M5 水泥砂浆，实体积与虚体积之间的折算系数为 1.07，砖和砂浆的损耗均为 1%，完成 1m³ 砌体需耗水 0.85m³。

（3）砂浆用 200L 搅拌机现场搅拌，运料需 185s，装料需 60s，搅拌需 85s，卸料需 35s，不可避免中断时间 10s，搅拌机制投料系数为 0.80，机械利用系数为 0.85。

试确定砌筑 1m³ 砖墙的人工、材料、机械台班消耗量定额。

**解** （1）人工消耗定额。

$$时间定额 = \frac{15.8}{(1 - 5\% - 3\% - 2\% - 15\%) \times 8} = 2.63工日/m^3$$

$$产量定额 = \frac{1}{时间定额} = \frac{1}{2.63} = 0.38m^3/工日$$

（2）材料消耗定额。

$$砖净用量 = \frac{1.5 \times 2}{0.365 \times (0.24 + 0.01) \times (0.053 + 0.01)} = 522块$$

砖消耗量＝522×(1+1%)＝527块

$1m^3$一砖半墙砂浆净用量＝$(1-522×0.24×0.115×0.053)×1.07=0.253m^3$

砂浆消耗量＝$0.253×(1+1\%)=0.256m^3$

水用量＝$0.85m^3$

（3）机械台班消耗定额。

由于运料时间为185s，则

装料、搅拌、出料和不可避免中断时间之和＝$60+85+35+10=190s$

所以搅拌机循环一次所需时间为190s。

搅拌机的净工作1h的生产率＝$60×60/190×0.2×0.80=3.03m^3$

搅拌机的台班产量定额＝$3.03×8×0.85=20.60m^3$/台班

$1m^3$一砖半墙机械台班消耗量＝$1/20.60=0.049$台班/$m^3$

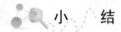

## 小　　结

本章讲述了建设工程定额的涵义，它的分类和特点，详细叙述了编制定额所采用的基本方法以及人、材、机消耗量、单价的确定计算方法。

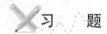

## 习　　题

1. 什么是定额？什么是建设工程定额？什么是定额水平？定额水平高低反映什么？

2. "泰勒制"的核心包括什么内容？

3. 建设工程定额如何分类？分为哪几类？定额中最基础的定额是什么定额？哪些定额属于计价定额？计价性定额中最基础性的定额是什么？

4. 计时观察法的主要测时方法有哪些？

5. 有工时消耗统计数组：60、55、35、40、65、90、50、40、55，试计算平均先进值。

6. 什么是劳动消耗定额？其表现形式有哪几种？它们之间是什么关系？

7. 某人工挖土方的测时资料为：挖$1m^3$土需消耗基本工作时间为65min，辅助工作时间占工作延续时间的$4\%$，准备与结束时间占基本工作时间的$1\%$，不可避免中断时间占基本工作时间的$1\%$，休息时间占工作延续时间的$20\%$，试计算挖土方项目的时间定额和产量定额。

8. 什么是材料消耗定额？它有哪些制定方法？什么是机械台班消耗定额？它有哪些表现形式？

9. 试计算3/4标准砖墙每立方米砖砌体和砂浆的消耗量。

10. 某工程采用400L现场混凝土搅拌机，运料时间需要200s，每次循环中需要的时间分别为：装料50s、搅拌80s、卸料30s、中断10s，机械正常利用系数为0.8，试计算该搅拌机的台班产量。

# 第3章 预 算 定 额

本章学习目标

1. 熟悉预算定额及统一基价表的概念与作用。
2. 掌握预算定额中的人工、材料、机械消耗量的确定。
3. 掌握统一基价表中的人工、材料、机械单价的确定。
4. 熟悉预算定额及统一基价表的构成。
5. 掌握预算定额与统一基价表的运用。

## 3.1 预算定额的概念

### 3.1.1 预算定额的概念

预算定额是指在正常合理的施工条件下，规定完成一定计量单位分项工程或结构构件所必需的人工、材料、机械台班的消耗数量标准。例如，2013 版《湖北省消耗量定额及统一基价表》中砖基础项目规定，完成 $10m^3$ M5 水泥砂浆砖基础需用：

1. 人工

| | |
|---|---|
| 普工 | 5.48 工日 |
| 技工 | 6.70 工日 |

2. 材料

| | | |
|---|---|---|
| (1) M5 水泥砂浆 | 2.36 | $m^3$ |
| (2) 混凝土实心砖 | 5.236 | 千块 |
| (3) 水 | 1.05 | $m^3$ |

3. 机械

| | |
|---|---|
| 灰浆搅拌机 200L | 0.39 台班 |

预算定额作为一种数量标准，除了规定完成一定计量单位的分项工程或结构构件所需人工、材料、机械台班数量外，还必须规定完成的工作内容和相应的质量标准及安全要求等内容。

预算定额是由国家主管机关或被授权单位组织编制并颁发执行的一种技术经济指标，是工程建设中一项重要的技术经济文件，它的各项指标反映了国家对承包商和业主在完成施工承包任务中消耗的活化劳动和物化劳动的限度。这种限度体现了业主与承包商的一种经济关系，最终决定着一个项目的建设工程成本和造价。

### 3.1.2 建设工程预算定额的种类

1. 按专业性质分类

建设工程预算定额按专业分有建筑工程预算定额、装饰装修预算定额、安装工程预算定额、市政工程预算定额、铁路工程预算定额、公路工程预算定额、房屋修缮工程预算定额、矿山井巷预算定额等。

（1）建筑工程预算定额是从狭义角度讲的，适用于工业与民用临时性和永久性的建筑物和构筑物，包括各种房屋设备基础、钢筋混凝土、砌筑、钢结构、烟囱、水塔、化粪池等工程。

（2）装饰装修工程预算定额是指建筑装饰装修工程人工、材料及机械的消耗量标准。其内容包括楼地面工程、墙柱面工程、天棚工程、门窗工程、油漆、涂料、裱糊工程和其他工程。

（3）安装工程预算定额按专业对象分为电气设备安装工程预算定额、机械设备安装工程预算定额、通信设备安装工程预算定额、化学工业设备安装工程预算定额、工业管道安装工程预算定额、工艺金属结构安装工程预算定额、热力设备安装工程预算定额等。

（4）市政工程预算定额是指城镇管辖范围内的道路、桥涵和市政官网、地铁工程等公共设施及公用设施的建设工程人工、材料及机械的消耗量标准。

（5）铁路工程预算定额是指铁路工程人工、材料及机械的消耗量标准。

2．按管理权限和执行范围划分

预算定额按管理权限和执行范围划分可以分为全国统一预算定额、行业统一预算定额和地区统一预算定额等。

3．按生产要素分

预算定额按生产要素分为劳动定额、机械定额和材料消耗定额。生产活动是指劳动者利用劳动手段对劳动对象进行加工的过程此活动包括劳动者、劳动对象、劳动手段三个不可缺少的要素。劳动定额、机械定额和材料消耗定额作为编制预算定额依据，它们相互依存形成一个整体各自不具有独立性。

### 3.1.3　建设工程预算定额的特点

1．建设工程预算定额是一种计价性定额

预算定额对我国建设工程价格的计算确定以及建设工程价格的管理具有重要的指导意义。

（1）建设工程预算定额本身就是国家建设行政主管部门编制、颁发的一项重要技术经济法规。预算定额反映着现有生产力水平的条件下，工程建设产品生产和消费之间的客观数量关系。预算定额的各项指标代表着国家规定的施工企业在完成施工任务中的人工、材料、机械台班消耗量的限度，这种限度决定了国家、建设工程投资者为最终完成建设工程能够对施工企业提供多少物质资料和生产资金。因此，从某种程度上看，预算定额是与建设工程产品生产有关的各部门、各单位之间建立经济关系的基础，与工程建设产品生产有关的经济单位——建设单位、施工单位、设计单位、咨询单位、物质生产与供应单位、银行等，都应该按照预算定额的指导来处理经济关系。

（2）由于工程产品具有单件性的特点，每项产品不仅在实物形态上可能千差万别，而且在价值构成上也千变万化，对其价格进行合理的计算、确定与评价，远较一般的商品困难。预算定额作为国家给工程建设产品提供的统一的核算、评价尺度，把工程建设产品的价值以实物指标的形式反映出来，从而使有关单位能够据以合理地编制固定资产投资计划，正确地把握固定资产的投资规模，科学地对各地区、各部门的工程设计经济效果与施工管理水平进行统一的比较与考核，将各类工程建设的资源消耗控制在合理的水平上，按照预算定额的指导，有效地在工程建设领域内实行管理和经济监督等。

2. 预算定额科学地反映当前建筑业的劳动生产率水平

（1）预算定额的确定是以社会必要劳动量为依据的。预算定额的编制者是根据现实正常的施工生产条件，大多数企业的机械化水平、建筑业平均的劳动熟练程度和强度，现行的质量评定标准、安全操作规程、施工及验收规范等情况，通过一系列必要的科学实验、理论计算，并在此基础上进行深入细致的调查研究、调整、修正，最终制定出来，用以具体计算、确定建筑安装工程预算定额中每个分项工程或结构构件的人工、材料、机械台班消耗指标的。

（2）预算定额消耗指标的确定不仅应及时反映科学研究、技术进步的成果，尽量采用已成熟并已推广的先进施工方法、管理方法及新材料、新技术、新工艺等，同时，还应注意到确保工程质量，确保大多数施工企业能够达到。因此，每一分项工程或结构构件的预算定额所反映的都是生产该种单位合格建筑安装产品所需要的社会平均的活劳动和物化劳动的消耗量——社会必要劳动时间，体现的是马克思所揭示的价值规律的客观要求。

3. 预算定额具有综合性

（1）预算定额中每一分项工程或结构构件的人工、材料、施工机械台班的消耗指标，都是按照正常设计施工情况下，完成一定计量单位的假定合格工程产品所需要的全部工序来确定的。

（2）预算定额中消耗指标的确定既考虑了主要因素，又考虑了次要因素。例如，在确定实砌墙体的人工消耗指标时，不仅考虑了单面清水、双面清水、混水等各种方式的墙体，调制砂浆、运输砖和砂浆所需主要用工的工日数，而且考虑了墙体中门窗洞口的立边，连接的其他砌体如附墙的垃圾道、烟囱道等特殊部位需要增加的工日数。

4. 预算定额中适当留有活口，体现了灵活性

由于建设工程具有产品单件性的特点，每一工程的设计和施工都难免会出现与预算定额中某些分项工程或结构构件不一致的情况。为了使预算定额在执行过程中能适应每一工程复杂的实际状况，使根据预算定额计算出的劳动耗费是完成一定量的合格工程产品所需的社会必要劳动耗费，以保证定额的适用性和使用的方便性。预算定额一般都明确规定：对于某些部分可以根据工程设计的具体情况，对定额中相应分项工程的有关实物消耗指标进行调整、换算。通常，我们将定额允许换算的部分称为"活口"，预算定额中适当留有活口，体现了其灵活性，这种灵活性是预算定额适用性的保证，有了灵活性，才便于预算定额更好的执行。

### 3.1.4 预算定额的用途

1. 预算定额是编制施工图预算，确定建筑安装工程造价的基础

施工图设计一经确定，工程预算造价就取决于预算定额水平和人工、材料及机械台班的价格。预算定额起着控制劳动消耗、材料消耗和机械台班使用的作用，进而起着控制建筑产品价格的作用。

2. 预算定额是编制施工组织设计的依据

施工组织设计的重要任务之一，是确定施工中所需人力、物力的供求量，并做出最佳安排。施工单位在缺乏本企业的施工定额的情况下，根据预算定额，也能够比较精确地计算出施工中各项资源的需要量，为有计划地组织材料采购和预制件加工、劳动力和施工机械的调配，提供了可靠的计算依据。

3. 预算定额是工程结算的依据

工程结算是建设单位和施工单位按照工程进度对已完成的分部分项工程实现货币支付的行为。按进度支付工程款，需要根据预算定额将已完分项工程的造价算出。单位工程验收后，再按竣工工程量、预算定额和施工合同规定进行结算，以保证建设单位资金的合理使用和施工单位的经济收入。

4. 预算定额是施工单位进行经济活动分析的依据

预算定额规定的物化劳动和活化劳动消耗指标，是施工单位在生产经营中允许消耗的最高标准。施工单位必须以预算定额作为评价企业工作的重要标准，作为努力实现的目标。施工单位可根据预算定额对施工中的劳动、材料、机械的消耗情况进行具体的分析，以便找出并克服低工效、高消耗的薄弱环节，提高竞争力。只有在施工中尽量降低劳动消耗，采用新技术，提高劳动者素质，提高劳动生产率，才能取得较好的经济效益。

5. 预算定额是编制概算定额的基础

概算定额是在预算定额基础上综合扩大编制的。利用预算定额作为编制依据，不但可以节省编制工作的大量人力、物力和时间，收到事半功倍的效果，还可以使概算定额在水平上与预算定额保持一致，以免造成执行中的不一致。

6. 预算定额是合理编制招标控制价、投标报价的基础

在深化改革中，预算定额的指令性作用将日益削弱，而对施工单位按照工程个别成本报价的指导性作用仍然存在，因此预算定额作为编制招标控制价的依据和施工企业报价的基础性作用仍将存在，这也是由于预算定额本身的科学性和指导性决定的。

## 3.2 预算定额的编制

### 3.2.1 预算定额的编制原则

为保证预算定额的质量，充分发挥预算定额的作用，实际使用简单方便，在编制工作中应遵循以下原则：

1. 按社会平均水平确定预算定额的原则

预算定额是确定和控制建设工程造价的主要依据。因此，它必须遵照价值规律的客观要求，即按生产过程中所消耗的社会必要劳动时间确定定额水平。所以预算定额的平均水平是在正常的施工条件下，合理的施工组织和工艺条件、平均劳动熟练程度和劳动强度下，完成单位分项工程基本构造要素所需要的劳动时间。

2. 简明适用的原则

简明适用一是指在编制预算定额时，对于那些主要的、常用的、价值量大的项目，分项工程划分宜细，次要的、不常用的、价值量相对较小的项目则可以粗一些；二是指预算定额要项目齐全，要注意补充那些因采用新技术、新结构、新材料而出现的新的定额项目，如果项目不全，缺项多，就会使计价工作缺少充足可靠的依据；三是要求合理确定预算定额的计算单位，简化工程量的计算，尽可能地避免同一种材料用不同的计量单位和一量多用，尽量减少定额附注和换算系数。

3. 坚持统一性和差别性相结合原则

所谓统一性，就是从培育全国统一市场规范计价行为出发，计价定额的制订规划和组织

实施由国务院建设行政主管部门归口管理，由其负责全国统一定额制定或修订，颁发有关工程造价管理的规章制度办法等。所谓差别性，就是在统一性的基础上，各部门和省、自治区、直辖市主管部门可以在自己的管辖范围内，根据本部门和地区的具体情况，制定部门和地区性定额、补充性制度和管理颁发，以适应我国幅员辽阔，地区间部门发展不平衡和差异大的实际情况。

### 3.2.2 预算定额的编制依据

（1）现行劳动定额和施工定额。预算定额是在现行施工定额的基础上编制的。预算定额中人工、材料、机械台班消耗水平，需要根据劳动定额或施工定额取定；预算定额的计量单位的选择，也要以施工定额为参考，从而保证两者的协调和可比性，大大减轻预算定额的编制工作量，缩短编制时间。

（2）现行设计规范、施工及验收规范，质量评定标准和安全操作规程。

（3）具有代表性的典型工程施工图及有关标准图。对这些图纸进行仔细分析研究，并计算出工程数量，作为编制定额时选择施工方法确定定额含量的依据。

（4）新技术、新结构、新材料和先进的施工方法等。这类资料是调整定额水平和增加新的定额项目所必需的依据。

（5）有关科学实验、技术测定和统计、经验资料。这类文件是确定定额水平的重要依据。

（6）现行的预算定额、材料预算价格及有关文件规定等。包括过去定额编制过程中和积累的基础资料，也是编制预算定额的依据和参考。

### 3.2.3 预算定额的编制程序及要求

预算定额的编制，大致可以分为准备工作、收集资料、编制定额、报批和修改定稿等五个阶段。各阶段工作相互有交叉，有些工作还有多次反复。预算定额的编制阶段的主要工作如下：

1. 确定编制细则

主要包括：统一编制表格及编制方法；统一计算口径，计量单位和小数点位数的要求；有关统一性规定，名称统一，用字统一，专业用语统一，符号代码统一，简化字要规范，文字要简练明确。

预算定额与施工定额计量单位往往不同。施工定额的计量单位一般按照工序或施工过程确定；而预算定额的计量单位主要是根据分部分项工程和结构构件的形体特征及其变化确定。由于工作内容综合，预算定额的计量单位也具有综合性。工程量计算规则应确切反映定额项目所包含的工作内容。预算定额的计量单位关系到预算工作的繁简和准确性。一般依据建筑结构构件形状的特点确定分部分项工程的计量单位，详见表 3-1。

表 3-1                          预算定额计量单位的选择

| 序号 | 构件形状特征及变化规律 | 计量单位 | 举　　例 |
|---|---|---|---|
| 1 | 长、宽、高三个度量均变化 | $m^3$（立方米） | 基坑土方、砖墙砌体、钢筋混凝土构件等 |
| 2 | 长、宽二个度量变化，高一定 | $m^2$（平方米） | 平整场地、楼地面、门窗、墙面抹灰等 |
| 3 | 截面形状固定、长度变化 | m（米） | 楼梯扶手、装饰线条等 |
| 4 | 形状没有规律且难以度量 | 套、台、座、个 | 洗脸盆、大便器、阀门等 |
| 5 | 设备和材料重量变化大 | t 或 kg（吨或千克） | 钢筋、金属构件等 |

2. 确定定额的项目划分和工程量计算规则

计算工程数量，是为了通过计算出典型设计图纸所包括的施工过程的工程量，以便在编制预算定额时，有可能利用施工定额的人工、材料和施工机械台班消耗指标确定预算定额所含工序的消耗量。

3. 定额人工、材料、机械台班消耗用量的计算、复核和测算

### 3.2.4　预算定额人工消耗量的确定

人工的工日数可以有两种确定方法：一种是以劳动定额为基础确定；另一种是以现场观察测定资料为基础计算，主要用于遇到劳动定额缺项时，采用现场工作日写实等测时方法查定和计算定额的人工耗用量。

预算定额中人工工日消耗量是指在正常施工条件下，生产单位合格产品所必需消耗的人工工日数量，是由分项工程所综合的各个工序劳动定额包括的基本用工和其他用工两部分组成的。

1. 基本用工

基本用工是指完成一定计量单位的分项工程或结构构件的各项工作过程的施工任务所必需消耗的技术工种用工。按技术工种相应劳动定额工时定额计算，以不同工种列出定额工日。基本用工包括：

(1) 完成定额计量单位的主要用工。完成定额计量单位的主要用工按综合取定的工程量和相应劳动定额进行计算。计算公式为：

$$基本用工 = \sum(综合取定的工程量 \times 相应的劳动定额)$$

例如工程实际中的砖基础，有 1 砖厚、1 砖半厚、2 砖厚等之分，用工各不相同，在预算定额中由于不区分厚度，需要按照统计的比例，加权平均得出综合的人工消耗。详见[例 3-1]。

(2) 按劳动定额规定应增减计算的用工量。由于预算定额是在施工定额子目的基础上综合扩大的，包括的工作内容较多，施工的工效视具体部位而不一样，所以需要另外增加人工消耗，而这种人工消耗也可以列入基本用工内。

2. 其他用工

其他用工是辅助基本用工消耗的工日，包括超运距用工、辅助用工和人工幅度差用工。

(1) 超运距用工。超运距是指劳动定额中已包括的材料、半成品场内水平搬运距离与预算定额所考虑的现场材料、半成品堆放地点到操作地点的水平运输距离之差。

$$超运距 = 预算定额取定运距 - 劳动定额已包括的运距$$
$$超运距用工 = \sum(超运距材料数量 \times 时间定额)$$

需要指出，实际工程现场运距超过预算定额取定运距时，可另行计算现场二次搬运费。

(2) 辅助用工。辅助用工是指技术工种劳动定额内不包括而在预算定额内必须考虑的用工。例如机械土方工程配合用工、材料加工（筛砂、洗石、淋化石膏），电焊点火用工等。计算公式如下：

$$辅助用工 = \sum(材料加工数量 \times 相应的加工劳动定额)$$

(3) 人工幅度差用工。人工幅度差是指预算定额与劳动定额的差额，主要是指在劳动定额中未包括而在正常施工情况下不可避免但又很难准确计量的用工和各种工时损失。内容包括：

1）各工种间的工序搭接及交叉作业相互配合或影响所发生的停歇用工。

2）施工机械在单位工程之间转移及临时水电线路移动所造成的停工。

3）质量检查和隐蔽工程验收工作的影响。

4）班组操作地点转移用工。

5）工序交接时对前一工序不可避免的修整用工。

6）施工中不可避免的其他零星用工。

人工幅度差计算公式如下：

$$人工幅度差=（基本用工+辅助用工+超运距用工）\times 人工幅度差系数$$

人工幅度差系数一般为 10%～15%。在预算定额中，人工幅度差的用工量列入其他用工量中。

综上所述，预算定额中的人工消耗量为：

$$人工消耗量=（基本用工+超运距用工+辅助用工）\times（1+人工幅度差系数）$$

**【例 3-1】** 假设预算定额编制方案规定：砌筑工程中，砌筑 $10m^3$ M5 水泥砂浆条形砖基础是一个独立的定额分项项目。根据上述预算定额人工消耗指标的计算步骤和方法以及下列相关资料，计算该分项工程的综合工日数。资料如下：

（1）经测算确定，在 $10m^3$ M5 水泥砂浆砖基础中，二层等高式放脚一砖基础占 70%，四层等高式放脚一砖半基础占 20%，四层等高式放脚二砖基础占 10%。

（2）基本用工中主体用工时间定额规定为砌筑 $1m^3$ 二层等高式放脚一砖基础 0.89 工日，四层等高式放脚一砖半基础 0.86 工日，四层等高式放脚二砖基础 0.833 工日，加工用工主要是砌弧形及圆形砖基础，工程量确定为 5%，砌筑 $1m^3$ 弧形及圆形砖基础的时间定额增加 0.10 工日。

（3）其他用工中超运距的材料为标准砖、砂浆，均超运距 100m，$10m^3$ 的砖基础中超运距的标准砖和砂浆相应的时间定额分别为 0.109 工日/$m^3$、0.0408 工日/$m^3$，辅助用工中筛砂的数量为 $2.41m^3$，筛砂 $1m^3$ 的时间定额为 0.196 工日，人工幅度差用工的系数为 15%。

**解** （1）基本用工

主体用工：

一砖基础 $=0.89\times（10\times70\%）=6.23$ 工日

一砖半基础 $=0.86\times（10\times20\%）=1.72$ 工日

二砖基础 $=0.833\times（10\times10\%）=0.833$ 工日

小计 $=6.23+1.72+0.833=8.783$ 工日

加工用工：

弧形及圆形砖基础 $=0.1\times（10\times5\%）=0.05$ 工日

合计 $=8.783+0.050=8.833$ 工日

（2）超运距用工

标准砖和砂浆超运距均为 100m，则

超运距用工 $=0.109\times10+0.0408\times10=1.498$ 工日

（3）辅助用工

辅助用工 $=0.196\times2.41=0.472$ 工日

（4）人工幅度差

人工幅度差＝（8.833＋1.498＋0.472）×15％＝1.620工日

10m³ M5 水泥砂浆条形砖基础的综合工日＝8.833＋1.498＋0.472＋1.62＝12.42 工日

### 3.2.5　预算定额材料消耗量的确定

**1. 材料消耗量包含的内容**

材料消耗量是完成单位合格产品所必须消耗的材料数量，它包括以下四种：

（1）主要材料。主要材料是指直接构成工程实体的材料，其中也包括成品、半成品的材料。

（2）辅助材料。辅助材料是指构成工程实体除主要材料以外的其他材料，如垫木钉子铅丝等。

（3）周转性材料。周转性材料是指脚手架、模板等多次周转使用的不构成工程实体的摊销性材料。

（4）其他材料。其他材料是指用量较少，难以计量的零星用量，如棉纱、编号用的油漆等。

**2. 材料消耗量的计算方法**

在建设工程成本中，材料费一般约占 70％左右，因此，正确确定材料消耗量，对合理使用材料，减少材料积压或浪费，正确计算、控制建设工程成本乃至建设工程产品价格等都具有十分重要的意义。材料消耗量计算方法主要有：

（1）凡有标准规格的材料，按规范要求计算定额计量单位耗用量，如砖、防水卷材块料面层等。

（2）换算法。各种胶结、涂料等材料的配合比用料，可以根据要求条件换算，得出材料用量。

（3）凡设计图纸标注尺寸及下料要求的按设计图纸尺寸计算材料净用量，如门窗制作用材料、放、板料等。

（4）测定法。包括实验室试验法和现场观察法。各种强度等级的混凝土及砌筑砂浆配合比的耗用原材料数量的计算，须按照规范要求试配，经试压合格并经过必要的调整后得出水泥、砂子、石子、水的用量。对新材料、新结构又不能用其他方法计算定额消耗用量时，须用现场测定方法来确定，根据不同条件可以采用写实记录法和观察法，得出定额的消耗量。

预算定额的材料消耗指标一般由材料净用量和损耗量构成，其计算公式如下：

$$材料消耗量 = 材料净用量 + 材料损耗量$$

或
$$材料消耗量 = 材料净用量 × （1 + 损耗率）$$

式中　损耗率$＝\dfrac{损耗量}{净用量}×100\%$

**【例 3-2】**　经测定计算，每 10m³ 一砖标准砖墙，墙体中梁头、板头体积占 2.8％，0.3m² 以内孔洞体积占 1％，突出部分墙面砌体占 0.54％。试计算标准砖和砂浆定额用量。

**解**　（1）每 10m³ 标准砖理论净用量

$$砖净用量（块）= \frac{墙厚砖数 × 2}{墙厚 × （砖长 + 灰缝）× （砖厚 + 灰缝）} × 10$$

$$= \frac{1 × 2}{0.24 × （0.24 + 0.01）× （0.053 + 0.01）} × 10$$

$$= 5291 块 /10m³$$

（2）按砖墙工程量计算规则规定不扣除梁头、板垫及每个孔洞在 $0.3m^2$ 以下的孔洞等的体积；不增加突出墙面的窗台虎头砖、门窗套及三皮砖以内的腰线等的体积。这种为简化工程量而做出的规定对定额消耗量的影响在制定定额时给予消除。

即

$$定额净用量 = 理论净用量 \times (1 + 不增加部分比例 - 不扣除部分比例)$$
$$= 5291 \times [1 + 0.54\% - (2.8\% + 1\%)]$$
$$= 5291 \times 0.9674 = 5119 块/10m^3$$

（3）砌筑砂浆净用量

$$砂浆净用量 = (1 - 529.1 \times 0.24 \times 0.115 \times 0.053) \times 10 \times 0.9674$$
$$= 2.186m^3/10m^3$$

（4）标准砖和砂浆定额消耗量

砖墙中标准砖及砂浆的损耗率均为 1%，则

$$标准砖定额消耗量 = 5119 \times (1 + 1\%) = 5170块/10m^3$$
$$砂浆定额用量 = 2.186 \times (1 + 1\%) = 2.208m^3/10m^3$$

### 3.2.6 预算定额施工机械台班消耗量的确定

预算定额中的机械台班消耗量是指在正常施工条件下，生产单位合格产品（分部分项工程或结构构件）必需消耗的某种型号施工机械的台班数量。

1. 根据施工定额确定机械台班消耗量的计算

这种方法是指用施工定额中机械台班产量加机械幅度差计算预算定额的机械台班消耗量。

机械台班幅度差是指在施工定额中所规定的范围内没有包括，而在实际施工中又不可避免产生的影响机械或使机械停歇的时间。其内容包括：

（1）施工机械转移工作面及配套机械相互影响损失的时间。

（2）在正常施工条件下，机械在施工中不可避免的工序间歇。

（3）工程开工或收尾时工作量不饱满所损失的时间。

（4）检查工程质量影响机械操作的时间。

（5）临时停机、停电影响机械操作的时间。

（6）机械维修引起的停歇时间。

大型机械幅度差系数为：土方机械 25%，打桩机械 33%，吊装机械 30%。砂浆、混凝土搅拌机由于按小组配用，以小组产量计算机械台班产量，不另增加机械幅度差。其他分部工程中如钢筋加工、木材、水磨石等各项专用机械的幅度差为 10%。

综上所述，预算定额的机械台班消耗量按下式计算：

$$预算定额机械台班定额 = 施工定额机械台班消耗量 \times (1 + 机械幅度差系数)$$

2. 以现场测定资料为基础确定机械台班消耗量

如遇到施工定额缺项者，则需要依据单位时间完成的产量测定。具体方法见第 2 章。

## 3.3 统一基价表的概念

### 3.3.1 建筑安装工程统一基价表的概念

建筑安装工程统一基价表是指以全国统一建安工程基础定额或各省、市、自治区建安工

程预算定额规定的人工、材料、机械台班消耗量，按一个地区的工人工资单价标准、材料预算价格、机械台班预算价格，计算出的以货币形式表现的建安工程各分项工程或结构构件定额单位预算价值表。

统一基价表与预算定额两者的不同之处在于：预算定额只规定完成单位分项工程或结构构件的人工、材料、机械台班消耗的数量标准，理论上讲不以货币形式来表现；而统一基价表是将预算定额中的消耗量在本地区用货币形式来表示，一般不列工料机消耗数量。为了方便预算编制，部分地区将预算定额和统一基价表合并，不仅列出工料机消耗数量，同时也列出工、料、机预算价格及工程预算单价汇总值，即定额基价。以 2013 年《湖北省建筑工程消耗量定额及统一基价表》为例，详见表 3-2。

表 3-2

柱

工作内容：混凝土搅拌、水平运输、捣固、养护。 单位：10m³

| 定 额 编 号 | | | A2-17 | A2-18 |
|---|---|---|---|---|
| 项目 | | | 矩形柱 | 圆柱 |
| | | | C20 | |
| 基价（元） | | | 4055.21 | 4028.38 |
| 其中 | 人工费（元） | | 1263.88 | 1240.20 |
| | 材料费（元） | | 2688.55 | 2685.40 |
| | 机械费（元） | | 102.78 | 102.78 |
| 名称 | | 单位 | 单价（元） | 数量 | |
| 人工 | 普工 | 工日 | 60.00 | 9.35 | 9.17 |
| | 技工 | 工日 | 98.00 | 7.64 | 7.50 |
| 材料 | 现浇混凝土 C20 碎石 40 | m³ | 259.90 | 10.150 | 10.150 |
| | 水 | m³ | 3.15 | 14.000 | 13.000 |
| | 电 | 度 | 0.97 | 5.000 | 5.000 |
| | 草袋 | m² | 2.15 | 0.750 | 0.750 |
| 机械 | 滚筒式混凝土搅拌机 500L | 台班 | 163.14 | 0.630 | 0.630 |

### 3.3.2 统一基价表的作用
（1）统一基价表是确定建筑安装工程造价的主要依据。
（2）统一基价表是甲、乙双方进行工程价款结算的主要依据。
（3）统一基价表是编制工程招标控制价和施工企业投标报价的依据。
（4）统一基价表是建筑施工企业进行工程成本分析和经济核算的依据。
（5）统一基价表是设计部门进行设计方案经济比较、选择最佳设计方案的依据。

### 3.3.3 统一基价表的编制方法
1. 编制依据
（1）《全国统一建筑安装基础定额》或各省、市、自治区建筑工程预算定额。
（2）地区现行的工资标准。
（3）地区现行的材料价格。
（4）地区现行的机械台班价格。

（5）国家和地区的有关规定。

2. 编制方法

编制统一基价表就是把三种量（工、料、机消耗量）与三种价（工、料、机预算价格）分别结合起来，得出分项工程人工费、材料费和施工机械使用费，三者汇总起来就是工程预算单价。计算公式如下：

$$分项工程定额基价＝单位人工费＋材料费＋机械费$$

其中　单位人工费＝$\sum$（人工工日用量×人工日工资单价）

材料费＝$\sum$（各种材料消耗量×相应材料价格）＋检验试验费

机械费＝$\sum$（机械台班消耗量×相应机械台班价格）

**【例 3 - 3】**　查表 3 - 2，计算单位 $10m^3$ 的 C20 矩形柱的人工费、材料费、机械费及基价。

**解：**经查上表 3 - 2 可知：

人工费＝80×9.35＋92×7.64＝1263.88 元/$10m^3$

材料费＝259.90×10.15＋3.15×14＋0.97×5＋2.15×0.75＝2688.55 元/$10m^3$

机械费＝163.14×0.63＝102.78 元/$10m^3$

C20 矩形柱基价＝1263.88＋2688.55＋102.78＝4055.21 元/$10m^3$

## 3.4　人工、材料、机械台班单价的确定方法

### 3.4.1　人工单价的组成和确定方法

1. 人工单价及其组成内容

（1）人工单价定义。人工单价是指一个建筑安装生产工人一个工作日（按我国劳动法的规定，一个工作日的工作时间为 8 小时，简称"工日"）在计价时应计入的全部人工费用。它基本上反映了建筑安装生产工人的工资水平和一个工人在一个工作日中可以得到的报酬。合理确定人工工日单价是正确计算人工费和工程造价的前提和基础。

（2）人工单价组成内容。人工单价组成如下：

人工单价内容包括：

1）计时工资或计件工资。是指按计时工资标准和工作时间或对已做工作按计件单价支付给个人的劳动报酬。

2）奖金。是指对超额劳动和增收节支支付给人的劳动报酬。如节约奖、劳动竞赛奖。

3）津贴补贴。是指为了补偿职工特殊或额外的劳动消耗和因其他特殊原因支付给个人的津贴，以及为了保证职工工资水平不受物价影响支付给个人的物价补贴。如流动施工津贴、特殊地区施工津贴、高温（寒）作业临时津贴、高空津贴等。

4）加班加点工资。是指按规定支付的在法定节假日工作的加班工资和在法定日工作时间外延时工作的加点工资。

5）特殊情况下支付的工资。是指根据国家法律、法规和政策规定，因病、工伤、产假、计划生育假、婚丧假、事假、探亲假、定期休假、停工学习、执行国家或社会义务等原因按计时工资标准或计时工资标准的一定比例支付的工资。

2. 人工单价确定的依据和方法

依据建设部建标〔2013〕44 号《关于印发〈建筑安装工程费用项目组成〉的通知》，人

工单价可采用以下公式计算。

$$日工资单价 = \frac{生产工人平均月工资(计时、计件)+平均月(奖金+津贴补贴+特殊情况下支付的工资)}{年平均每月法定工作日}$$

该公式主要适用于施工企业投标报价时自主确定人工费，也是工程造价管理机构编制计价定额确定定额人工单价或发布人工成本信息的参考依据。

工程造价管理机构确定日工资单价应通过市场调查、根据工程项目的技术要求，参考实物工程量人工单价综合分析确定，最低日工资单价不得低于工程所在地人力资源和社会保障部门所发布的最低工资标准的：普工1.3倍、一般技工2倍、高级技工3倍。

3. 影响人工单价的因素

影响建筑安装工人人工单价的因素很多，归纳起来有以下方面：

（1）社会平均工资水平。建筑安装工人人工单价必然和社会平均工资水平趋同。社会平均工资水平取决于经济发展水平。由于我国改革开放以来经济迅速增长，社会平均工资也有大幅增长，从而使人工单价大幅提高。

（2）生活消费指数。生活消费指数的提高会促进人工单价的提高，以减少生活水平的下降，或维持原来的生活水平。生活消费指数的变化决定于物价的变动，尤其决定于生活消费品的变动。

（3）人工单价的组成内容。例如，住房消费、养老消费、医疗保险、失业保险等若列入人工单价，会使人工单价提高。

（4）劳动力市场供需变化。在劳动力市场如果需求大于供给，人工单价就会提高；供给大于需求，市场竞争激烈，人工单价就会下降。

（5）政府推行的社会保障和福利政策也会影响人工单价的变动。

### 3.4.2　材料预算价格的组成和确定方法

1. 材料预算价格的构成和分类

（1）材料预算价格定义。材料价格是指材料（包括构件、成品或半成品）从其来源地（或交货地点）到达施工现场工地仓库出库的综合平均价格。

（2）材料预算价格组成。材料预算价格组成如图3-1所示。

图3-1　材料预算价格组成示意

材料价格一般由以下五项费用组成：

1）材料原价。材料原价是材料、工程设备的出厂价格或商家供应价格。

2）材料运杂费。材料运杂费是指材料由来源地（或交货地点）至施工仓库地点运输过程中发生的全部费用。它包括车船运输费、调车和驳船费、装卸费、过境过桥费和附加工作费等。

3）材料运输损耗费。运输损耗是指材料在装卸和运输过程中所发生的合理损耗。

4）材料采购及保管费。采购及保管费是指为组织材料采购、供应和保管过程中需要支付的各项费用。它包括采购及保管部门人员工资和管理费、工地材料仓库的保管费、货物过秤费及材料在运输和存储中的损耗费用等。

（3）材料预算价格分类。材料预算价格按适用范围划分，有地区材料价格和某项工程使用的材料价格。地区材料价格是按地区（城市或建设区域）编制，供该地区所用工程使用；某项工程（一般指大中型重点工程）使用的材料价格，是以一个工程为编制对象，专供该工程项目使用。

地区材料价格与某项工程使用的材料价格的编制原理和方法是一致的，只是在材料来源地、运输数量权数等具体数据上有所不同。

2. 材料预算价格的确定方法

（1）材料原价的确定。材料原价一般是指材料的出厂价或交货地价格或市场批发价，进口材料抵岸价。

同一种材料因产地、生产厂家、交货地点或供应单价不同而出现几种原价时，可根据材料不同来源地、供货数量比例，采用加权平均方法确定其价格。其计算公式如下：

$$G = \sum_{i=1}^{n} G_i f_i$$

式中　$G$——加权平均供应价；

　　　　$G_i$——某 $i$ 来源地（或交货地）供应价；

　　　　$f_i$——某 $i$ 来源地（或交货地）数量占总材料数量的百分比，即

$$f_i = \frac{w_i}{w_{总}} \times 100\%$$

式中　$w_i$——某 $i$ 来源地（或交货地）材料的数量；

　　　　$w_{总}$——材料总数量。

【例 3 - 4】　某建筑工程需要二级螺纹钢，由三家钢材厂供应，其中：甲厂工供应 900t，供应价 3900 元/t；乙厂供应 1200t，供应价 4000 元/t；丙厂供应 400t，供应价 3800 元/t。试求：本工程螺纹钢材的供应价。

　　解　$w_{总} = 900t + 1200t + 400t = 2500t$

$$f_{甲} = \frac{w_{甲}}{w_{总}} \times 100\% = 36\%$$

$$f_{乙} = \frac{w_{乙}}{w_{总}} \times 100\% = 48\%$$

$$f_{丙} = \frac{w_{丙}}{w_{总}} \times 100\% = 16\%$$

该工程螺纹钢的供应价 $= 3900 \times 36\% + 4000 \times 48\% + 3800 \times 16\% = 3932$ 元/t

（2）材料运杂费的确定。材料运杂费应按国家有关部门和地方政府交通运输部门的规定计算。材料运杂费的大小与运输工具、运输距离、材料装载率、经仓比等因素都有直接关系。

1）材料运杂费用，包括外埠运杂费和市内运杂费两种。

外埠运杂费是指材料从来源地（或交货地）至本市中心仓库或货站的全部费用。包括调车（驳船）费、运输费、装卸费、过桥过境费、入库费以及附加工作费。

市内运杂费是指材料从本市中心仓库或货站运至施工工地仓库的全部费用。包括：出库

费、装卸费和运输费等。

同一品种的材料如有若干个来源地，其运杂费根据每个来源地的运输里程、运输方法和运输标准，用加权平均的方法计算运杂费。

2）在运杂费中需要考虑为了便于材料运输和保护而发生的包装费。

材料包装费，包括水运和陆运的支撑立柱、篷布、包装袋、包装箱、绑扎等费用。材料运到现场或使用后，要对包装品进行回收，回收价值要冲减材料价格。包装费计算通常有两种情况：

①材料出厂时已经包装的（如袋装水泥、玻璃、钢钉、油漆等），这些材料的包装费一般已计入材料原价内，不再另行计算。但包装材料回收价值，应从包装费中予以扣除。计算公式如下：

$$单位包装材料回收价值=\frac{（包装材料数量×回收率）×（包装材料单价×回收价值率）}{包装器标准容量}$$

包装材料的回收量比例及回收折价率，一般由地区主管部门制定标准执行。若地区无规定，可按实际情况，参照表 3-3 执行。

表 3-3　　　　　　　　　　　　包 装 材 料 回 收 标 准

| 包装材料名称 | | 回收率（%） | 回收价值率（%） | 残值回收率（%） |
|---|---|---|---|---|
| 木桶、木箱 | | 70 | 20 | 5 |
| 木杆 | | 70 | 20 | 3 |
| 竹制品 | | — | — | 10 |
| 铁制品 | 铁桶 | 95 | 50 | 3 |
| | 铁皮 | 50 | 50 | — |
| | 铁丝 | 20 | 50 | — |
| 纸袋 | | 50 | 50 | — |
| 麻袋 | | 60 | 50 | — |
| 玻璃陶瓷制品 | | 30 | 60 | — |

【例 3-5】 某工程所用木材，采用铁路运输方式，在运输过程中，每个车皮可装木材料 30m³，每个车皮需要用包装用的车柱 10 根，每根 8 元，铁丝 10kg，每 5 元/kg。试求每立方米材料的包装费。

**解** 每立方米木材包装材料原值 $=\frac{10×8+10×5}{30}=4.33$ 元

查表 3-3，可知包装材料的车立柱的回收量比例为 70%，回收折价率为 20%，铁丝回收量比例为 20%，回收折价率为 50%，则

车立柱回收价值$=(10×70\%)×(8×20\%)=11.20$元

铁丝回收价值$=(10×20\%)×(5×50\%)=5$元

折合成每立方米回收值$=\frac{11.2+5}{30}=0.54$元

由此可知，木材包装费为：$4.33-0.54=3.79$元/m³

②材料由采购单位自备包装材料（或容器）的，应计算包装费，并计入材料预算价格

内。如包装材料不是一次性报废材料，应按多次使用、多次加权摊销的方法计算，其计算公式如下：

$$自备包装品的包装费=\frac{包装品原件\times(1-回收量率\times回收价值率)+使用期间维修费}{周转使用次数\times包装容器标准容量}$$

式中　使用期间维修费＝包装品原价×使用期维修费率。

关于维修费率，铁桶为 75%，其他不计。关于周转使用次数，铁桶 15 次，纤维制品 5 次，其余不计。

（3）材料运输损耗费的确定。材料运输损耗费是指材料在装卸、运输过程中的不可避免的合理损耗。材料运输损耗可以计入运杂费用，也可以单独计算，其计算公式如下：

$$材料运输损耗＝（材料原价＋运杂费）×相应材料运输损耗率$$

（4）材料采购及保管费的确定。

$$采购及保管费＝（材料原价＋运杂费＋运至损耗费）×采购及保管费率$$

以上四项费用和即为材料预算价格，其计算公式如下：

$$材料预算价格＝（材料原价＋运杂费）×（1＋运输损耗率）×（1＋采购及保管费率）$$
$$－包装品回收价值$$

**【例 3 - 6】**　某工程采用袋装水泥，由甲、乙两家水泥厂直接供应。甲水泥厂供应量为 5000t，出厂价 280 元/t，汽车运距 35km，运价 1.2 元/(t.km)，装卸费 8 元/t；乙水泥厂供应量为 7000t，出厂价 260 元/t，汽车运距 50km，运价 1.2 元/(t.km)，装卸费 7.5 元/t。已知：每吨水泥 20 袋，包装纸袋已包括在出厂价内，每只水泥袋原价 2 元，运输损耗率 2.5%，采购保管费率 3%，求该工程水泥预算价格。

**解**　（1）原价＝（280×5000＋260×7000）/12 000t＝268.33元/t

（2）平均运距＝（35×5000＋50×7000）/12 000＝43.75km

水泥的运输费＝43.75×1.2＝52.50元/t

（3）平均装卸费＝（8×5000＋7.5×7000）/12 000＝7.71元/t

（4）运输损耗＝（268.33＋52.50＋7.71）×2.5%＝8.21元/t

（5）水泥袋的回收价值

查表 3-3 可知，水泥袋回收率为 50%，回收价值率为 50%。即

水泥袋回收价值＝20 袋×50%×2 元/袋×50%＝10 元/t

（6）水泥的价格＝（268.33＋52.50＋7.71＋8.21）×（1＋3%）－10

　　　　　　　＝336.85元/t

3. 影响材料预算价格变动的因素

（1）市场供求变化。材料原价时材料预算价格中最基本的组成。市场供给大于需求，价格就会下降；反之，价格就会上升。市场供求变化会影响材料预算价格的涨落。

（2）材料生产成本的变动，直接涉及材料预算价格的波动。

（3）流通环节的多少和材料供应体制也会影响材料预算价格。

（4）运输距离和运输方法的改变会影响材料运输费用的增减，从而也会影响材料价格。

（5）国际市场行情会对进口材料价格产生影响。

### 3.4.3 施工机械台班单价的组成和确定方法

1. 机械台班单价及其组成内容

（1）施工机械台班单价的概念。施工机械台班单价是以"台班"为计量单位，机械工作8h 称为"一个台班"。施工机械台班单价是指一个施工机械，在正常运转条件下一个台班中所支出和分摊的各种费用之和。

施工机械台班单价的高低，直接影响建筑工程造价和企业的经营效果，确定合理的施工机械台班单价，对提高企业的劳动生产率、降低工程造价具有重要的意义。

（2）施工机械台班单价组成。施工机械台班单价由两类费用组成，即第一类费用和第二类费用。

1）第一类费用（也称不变费用）。这一类费用不因施工地点和条件不同而发生变化，它的大小与机械工作年限直接相关，其内容包括以下四项：①机械折旧费；②机械大修理费；③机械经常修理费；④机械安拆费及场外运输费。

2）第二类费用（也称可变费用）。这类费用是机械在施工运转时发生的费用，它常因施工地点和施工条件的变化而变化，它的大小与机械工作台班数直接相关，其内容包括以下三项：①机上人工费；②燃料、动力费；③税费。

2. 机械台班单价的确定方法

（1）折旧费的组成和确定。折旧费是指施工机械在规定使用期限内，陆续收回其原值及购置资金的时间价值。计算公式如下：

$$台班折旧费=\frac{机械预算价格\times(1-残值率)\times时间价值系数}{耐用总台班}$$

1）机械预算价格。国产机械的预算价格。国产机械预算价格按照机械原值、供销部门手续费和一次运杂费以及车辆购置税之和计算。

①机械原值。国产机械原值应按下列途径询价、采集：编制期施工企业已购进施工机械的成交价格；编制期国内施工机械展销会发布的参考价格；编制期施工机械生产厂、经销商的销售价格。

②供销部门手续费和一次运杂费可按机械原值的 5% 计算。

③车辆购置税应按下列公式计算：

车辆购置税＝计税价格×车辆购置税率（%）

其中，计税价格＝机械原值＋供销部门手续费和一次运杂费－增值税。

车辆购置税率应执行编制期间国家有关规定。

进口机械的预算价格。进口机械的预算价格按照机械原值、关税、增值税、消费税、外贸手续费和国内运杂费、财务费、车辆购置税之和计算。

①进口机械的机械原值按其到岸价格（CIF）取定，CIF 为装运港船上交货价 FOB、国际运费、运输保险费之和。

②关税、增值税、消费税及财务费应执行编制期国家有关规定，并参照实际发生的费用计算。

③外贸部门手续费和国内一次运杂费应按到岸价格的 6.5% 计算。

④车辆购置税的计税基础是到岸价格、关税和消费税之和。

2）残值率。残值率是指机械报废时回收的残值占机械原值的百分比。残值率按目前有关执行：运输机械 2%，掘进机械 5%，特大型机械 3%，中小型机械 4%。

3）时间价值系数。时间价值系数是指购置施工机械的资金在施工生产过程中随着时间的推移而产生的单位增值。其公式如下：

$$时间价值系数=1+\frac{(折旧年限+1)}{2}\times年折现率(\%)$$

其中，年折现率应按编制期银行年贷款利率确定。

4）耐用总台班。耐用总台班是指施工机械从开始投入使用至报废前使用的总台班数，应按施工机械的技术指标及寿命期等相关参数确定。

机械耐用总台班的计算公式为：

耐用总台班=折旧年限×年工作台班=大修间隔台班×大修周期

年工作台班是根据有关部门对各类主要机械最近三年的统计资料分析确定。

大修间隔台班是指机械自投入使用起至第一次大修止或自上一次大修后投入使用起至下一次大修止，应达到的使用台班数。

大修周期是指机械在正常的施工作业条件下，将其寿命期（即耐用总台班）按规定的大修理次数划分为若干个周期。其计算公式：

大修周期=寿命期大修理次数+1

（2）大修理费的组成及确定。大修理费是指机械设备按规定的大修间隔台班进行必要的大修理，以恢复机械正常功能所需的费用。台班大修理费是机械使用期限内全部大修理之和在台班费用中的分摊额，它取决于一次大修理费用、大修理次数和耐用总台班的数量。其计算公式为：

$$台班大修理费=\frac{一次大修理费\times寿命期内大修理次数}{耐用总台班}$$

1）一次大修理费是指施工机械一次大修理发生的工时费、配件费、辅料费、油燃料费及送修运杂费。

一次大修费应以《全国统一施工机械保养修理技术经济定额》为基础，结合编制期市场价格综合确定。

2）寿命期大修理次数指施工机械在其寿命期（耐用总台班）内规定的大修理次数，应参照《全国统一施工机械保养修理技术经济定额》确定。

（3）经常修理费的组成及确定。经常修理费指施工机械除大修理以外的各级保养和临时故障排除所需的费用。包括为保障机械正常运转所需替换与随机配备工具附具的摊销和维护费用，机械运转及日常保养所需润滑与擦拭的材料费用及机械停滞期间的维护和保养费用等。各项费用分摊到台班中，即为台班经常修理费。其计算公式如下：

$$台班经修费=\frac{\sum(各级保养一次费用\times寿命期各级保养总次数)+临时故障排除费}{耐用总台班}$$
$$+替换设备和工具附具台班摊销费+例保辅料费$$

当台班经常修理费计算公式中各项数值难以确定时，也可按下列公式计算：

$$台班经修费=台班大修费\times K$$

其中 $K$ 为台班经常修理费系数。

1）各级保养一次费用。分别指机械在各个使用周期内为保证机械处于完好状况，必须按规定的各级保养间隔周期，保养范围和内容进行的一、二、三级保养或定期保养所消耗的工时、配件、辅料、油燃料等费用。应以《全国统一施工机械保养修理技术经济定额》为基础，结合编制期市场价格综合确定。

2）寿命期各级保养总次数。分别指一、二、三级保养或定期保养在寿命期内各个使用周期中保养次数之和，应按照《全国统一施工机械保养修理技术经济定额》确定。

3）临时故障排除费。指机械除规定的大修理及各级保养以外，排除临时故障所需费用以及机械在工作日以外的保养维护所需润滑擦拭材料费，可按各级保养（不包括例保辅料费）费用之和的 3% 计算。

4）替换设备及工具附具台班摊销费。指轮胎、电缆、蓄电池、运输皮带、钢丝绳、胶皮管、履带板等消耗性设备和按规定随机配备的全套工具附具的台班摊销费。

5）例保辅料费。即机械日常保养所需润滑擦拭材料的费用。替换设备及工具附具台班摊销费、例保辅料费的计算应以《全国统一施工机械保养修理技术经济定额》为基础，结合编制期市场价格综合确定。

（4）安拆费及场外运费的组成和确定。安拆费是指施工机械在现场进行安装与拆卸所需的人工、材料、机械和试运转费用以及机械辅助设施的折旧、搭设、拆除等费用；场外运费指施工机械整体或分体自停发地点运至施工现场或由一施工地点运至另一施工地点的运输、装卸、辅助材料及架线等费用。

安拆费及场外运费根据施工机械不同分为计入台班单价、单独计算和不计算三种类型。

1）工地间移动较为频繁的小型机械及部分中型机械，其安拆费及场外运费应计入台班单价。台班安拆费及场外运费应按下列公式计算：

$$台班安拆费及场外运费 = \frac{一次安拆费及场外运费 \times 年平均安拆次数}{年工作台班}$$

①一次安拆费应包括施工现场机械安装和拆卸一次所需的人工费、材料费、机械费及试运杂费。

②一次场外运费应包括运输、装卸、辅助材料和架线等费用。

③年平均安拆次数应以《全国统一施工机械保养修理技术经济定额》为基础，由各地区（部门）结合具体情况确定。

④运输距离均应按 25km 计算。

2）移动有一定难度的特、大型（包括少数中型）机械，其安拆费及场外运费应单独计算。

单独计算的安拆费及场外运费除应计算安拆费、场外运费外，还应计算辅助设施（包括基础、底座、固定锚桩、行走轨道枕木等）的折旧、搭设和拆除等费用。

3）不需安装、拆卸且自身又能开行的机械和固定在车间不需安装、拆卸及运输的机械，其安拆费及场外运费不计算。

4）自升式塔式起重机安装、拆卸费用的超高起点及其增加费，各地区（部门）可根据具体情况确定。

（5）人工费的组成和确定。人工费指机上司机（司炉）和其他操作人员的工作日人工费及上述人员在施工机械规定的年工作台班以外的人工费。按下列公式计算：

$$台班人工费 = 人工消耗量 \times \left(1 + \frac{年制度工作日 - 年工作台班}{年工作台班}\right) \times 人工日工资单价$$

1）人工消耗量是指机上司机（司炉）和其他操作人员工日消耗量。

2）年制度工作日应执行编制期国家有关规定。

3）人工日工资单价应执行编制期工程造价管理部门的有关规定。

（6）燃料动力费的组成和确定。燃料动力费是指施工机械在运作作业中所耗用的固体燃料（煤、木柴）、液体燃料（汽油、柴油）及水、电等费用。计算公式如下：

$$台班燃料动力费 = 台班燃料动力消耗量 \times 相应单价$$

1）燃料动力消耗量应根据施工机械技术指标及实测资料综合确定。例如可采用下列公式：

$$台班燃料动力消耗量 = （实测数 \times 4 + 定额平均值 + 调查平均值）/6$$

2）燃料动力单价应执行编制期工程造价管理部门的有关规定。

（7）税费的组成和确定。其他费用是指按照国家和有关部门规定应交纳的养路费、车船使用税、保险费及年检费用等。其计算公式为：

1）台班养路费

$$台班养路费 = \frac{核定吨位 \times 养路费[元/(t \cdot 月)] \times 12}{年工作台班}$$

2）车船使用税

$$车船使用税 = \frac{车船使用税[元/(t \cdot 车)]}{年工作台班}$$

3）保险费及年检费

$$保险费及年检费 = \frac{年保险费及年检费}{年工作台班}$$

【例 3 - 7】 某 6t 载重汽车有关资料如下：购买价格 98 000 元，残值率 4%，耐用总台班 1300 台班，大修理间隔台班 260 台班，一次性大修理费用 8000 元，修理周期 5 次，经常维修系数 $K = 3.23$，年工作台班 260 台班，每台班的机上操作人员人工日数为 1.5 个，人工工日单价为 45 元，每月每吨养路费 100 元/月，每台班消耗柴油 40.03kg，柴油单价为 5.6 元/kg，车船使用税 40 元/(t·车)，按规定年交纳保险费及年检费为 8000 元。试确定台班单价。

**解** （1）折旧费 $= \dfrac{98\,000 \times (1 - 4\%)}{1300} = 72.37$ 元/台班

（2）大修理费 $= \dfrac{8000 \times (5 - 1)}{1300} = 24.62$ 元/台班

（3）经常修理费 $= 24.62 \times 3.23 = 79.51$ 元/台班

（4）机上人员工资 $= 1.5 \times 45 = 67.5$ 元/台班

（5）燃料动力费 $= 40.03 \times 5.6 = 224.17$ 元/台班

（6）税费

1）养路费 $= 6 \times 100 \times 12/260 = 27.69$ 元/台班

2）车船使用费 $= 6 \times 40/260 = 0.92$ 元/台班

3）保险费及年检费 $= 8000/260 = 30.77$ 元/台班

（7）该载重汽车台班单价 $= 72.37 + 24.62 + 79.51 + 67.5 + 224.17 + 27.69 + 0.92$
$$+ 30.77 = 527.55 \text{ 元/台班}$$

3. 影响机械台班单价的因素

（1）施工机械的本身价格。从机械台班折旧费计算公式可以看出，施工机械本身价格的大小直接影响到折旧费用，它们之间成正比关系，进而直接影响施工机械台班单价。

（2）施工机械使用寿命。施工机械使用寿命通常指施工机械更新的时间，它是由机械自然因素、经济因素和技术因素所决定的。施工机械使用寿命不仅直接影响施工机械台班折旧费，而且也影响施工机械的大修理费和经常修理费，因此它对施工机械台班单价大小的影响较大。

（3）施工机械的使用效率、管理水平和市场供需变化。施工企业的管理水平高低，将直接体现在施工机械的使用效率、机械完好率和日常维护水平上，它将对施工机械台班单价产生直接影响，而机械市场供需变化也会造成机械台班单价提高或降低。

（4）国家及地方征收税费政策和有关规定。国家地方有关施工机械征收税费政策和规定，将对施工机械台班单价产生较大影响，并会引起相应的波动。

【例 3 - 8】 某工程需砌筑一段毛石护坡，拟采用 M5 水泥砂浆砌筑，根据甲乙双方商定，工程单价的确定方法是：首先现场测定每 $10m^3$ 砌体人工工日、材料、机械台班消耗指标，并将其乘以相应的当地价格确定。各项测定参数如下：

（1）砌筑 $1m^3$ 毛石砌体需工时参数为：基本工作时间为 10.6h；辅助工作时间为工作延续时间的 3%；准备与结束时间为工作延续时间的 2%，不可避免的中断时间为工作时间的 2%；休息时间为工作延续时间的 20%；人工幅度差系数为 10%。

（2）砌筑 $10m^3$ 毛石砌体需各种材料净用量为：毛石 $7.50m^3$；M5 水泥砂浆 $3.10m^3$；水 $7.50m^3$。毛石和砂浆的损耗率分别为：2%、1%。

（3）砌筑 $10m^3$ 毛石砌体需 200L 砂浆搅拌机 5.5 台班，机械幅度差为 15%。

要求计算：

（1）砌筑每 $1m^3$ 毛石护坡工程的人工时间定额和产量定额。

（2）假设当人工日工资标准为 22 元/工日，毛石单价为 58 元/$m^3$；M5 水泥砂浆单价为 121.76 元/$m^3$；水单价为 1.80 元/$m^3$；其他材料费为毛石、水泥砂浆和水费用的 2%。200L 砂浆搅拌机台班费为 45.5 元/台班。试确定每 $10m^3$ 砌体的单价。

**解** （1）确定每 $1m^3$ 毛石护坡工程的人工时间定额和产量定额。

$$人工工作延续时间 = \frac{10.6h}{1-(3\%+2\%+2\%+20\%)} = 14.52h$$

$$人工时间定额 = \frac{14.52}{8} = 1.82 工日/m^3$$

$$人工产量定额 = \frac{1}{时间定额} = \frac{1}{1.82} = 0.55m^3/工日$$

（2）确定每 $10m^3$ 毛石砌体的单价。

1）每 $10m^3$ 砌体人工费 $= 1.82 \times (1+10\%) \times 22 \times 10 = 440.44$ 元

2）每 $10m^3$ 砌体材料费 $= [7.5 \times (1+2\%) \times 58 + 3.10 \times (1+1\%)$
$$\times 121.76 + 7.5 \times 1.80] \times (1+2\%) = 855.20 元$$

3）每 $10m^3$ 砌体机械费 $= 5.5 \times (1+15\%) \times 45.5 = 287.79$ 元

4）每 $10m^3$ 砌体的单价 $= 440.44 + 855.20 + 287.79 = 1583.43$ 元

## 3.5　预算定额及统一基价表的运用

### 3.5.1　预算定额的组成

建筑安装工程预算定额的内容，一般由总说明、建筑面积计算规则、分部工程定额和有关的附录（附表）组成。

1. 总说明

总说明是对定额的使用方法及全册共同性问题所作的综合说明和统一规定。要正确地使用预算定额，就必须首先熟悉和掌握总说明内容，以便对整个定额册有全面了解。

总说明内容一般如下：

（1）定额的性质和作用。

（2）定额的适用范围、编制依据和指导思想。

（3）人工、材料、机械台班定额有关共同性问题的说明和规定。

（4）定额基价编制依据的说明等。

（5）其他有关使用方法的统一规定等。

2. 建筑面积计算规范

建筑面积是以 $m^2$ 为计量单位，反映房屋建设规模的实物量指标。建筑面积计算规范是按国家统一规定编制的，是计算工业与民用建筑建筑面积的依据。

3. 分部工程定额

分部工程定额是预算定额的主体部分。以 2013 年《湖北省建筑工程消耗量定额及统一基价表》（结构、屋面）分册为例，按工程结构类型，结合形象部位将全册分为 12 个分部工程。包括：

（1）砌筑工程。

（2）混凝土及钢筋混凝土工程。

（3）木结构工程。

（4）金属结构工程。

（5）屋面及防水工程。

（6）防腐、隔热、保温工程。

（7）混凝土、钢筋混凝土模板及支撑工程。

（8）脚手架工程。

（9）垂直运输工程。

（10）常用大型机械安拆和场外运输费用表。

（11）成品构件二次运输。

（12）构筑物工程。

每一分部工程均列有分部说明、工程计算规则及定额表。

1）分部说明。是对本分部编制内容、使用方法和共同性问题所作的说明与规定，它是预算定额的重要组成部分。

2）工程量计算规则。是对本分部中各分项工程工程量的计算方法所作的规定，它是编制预算时计算分项工程工程量的重要依据。

3）定额表。是定额最基本的表现形式，每一定额表均列有项目名称、定额编号、计量单位、工作内容、定额消耗量、基价和附注等。

4. 定额附录

定额附录是预算定额的有机组成部分，各省、市、自治区、直辖市编入内容不尽相同，一般包括定额砂浆与混凝土配合比表、建筑机械台班费用定额、主要材料施工损耗表、建筑材料预算价格取定表、某些工程量计算表以及简图等。定额附录内容可作为定额换算与调整和制定补充定额的参考依据。

### 3.5.2 预算定额的应用

1. 定额编号

在编制预算时，对分项工程或结构构件均须填写（或输入）定额编号，其目的是一方面起到快速查阅定额作用，另一方面也便于预算审核人检查定额项目套用是否正确合理，以起到减少差错、提高管理水平的作用。

以 2013 年《湖北省建筑工程消耗量定额及统一基价表》为例，定额编号用"三符号"编号法来表示。其表达方式如下：

其中，分册序号用英文字母 A、B、C…表示。"A"表示建筑工程，"B"表示装饰装修工程，"C"表示安装工程，"G"表示土石方工程。

分部工程序号，用阿拉伯数字 1、2、3、4…表示。

每一分部中分项工程或结构构件顺序号从小到大按序编制，用阿拉伯数字 1、2、3、4…表示。

例如，定额编号 A2-185 中："A"表示建筑工程，"2"表示第 2 个分部工程——混凝土及钢筋混凝土工程，"185"表示第 185 个子项目，即 M10 混合砂浆砌筑 1 砖厚蒸压灰砂砖墙。

2. 预算定额的直接套用

当分项工程的设计要求、项目内容与预算定额项目内容完全相符时，可以直接套用定额。直接套用定额时可以按分册—分部工程—定额节—定额表—项目的顺序找出所需项目。直接套用情况在编制施工图预算时属于大多数情况。

直接套用定额的主要内容，包括定额编号、项目名称、计量单位、工料机消耗量、定额基价等。

**【例 3 - 9】**　试确定 M5 混合砂浆砌一砖厚混水标准砖墙 $10\text{m}^3$ 的定额基价、人工费、人工工日消耗量。

**解**　查阅 2013 年《湖北省建筑工程消耗量定额及统一基价表》（结构、屋面）分册，详见表 3-4，可知：

A1-7 定额基价 $=3254.83$ 元/$10\text{m}^3$　　人工费 $=1247.68$ 元/$10\text{m}^3$

普工 $=7.24$ 工日/$10\text{m}^3$　　技工 $=8.84$ 工日/$10\text{m}^3$

直接套用定额时应注意以下要点：

（1）根据施工图纸、设计说明、做法说明、分项工程施工过程划分来选择合适的定额项目。

（2）要从工程内容、技术特征和施工方法及材料机械规格与型号上仔细核对与定额规定的一致性，才能较正确地确定相应的定额项目。

（3）分项工程的名称、计量单位必须要与预算定额一致，计量口径不一的，不能直接套用定额。

（4）要注意定额表上的工作内容，工作内容中列出的内容其工、料、机消耗已包括在定额内，否则需另列项目计取。

（5）查阅时应特别注意定额表下附注，附注作为定额表的一种补充与完善，套用时必须严格执行。

（6）在确定配合比材料消耗量（如砂浆、混凝土中的砂、石、水泥的消耗量）时，要正确应用定额附录。

表 3-4  混 水 砖 墙

工作内容：1. 调运砂浆、铺砂、运砖
　　　　　2. 砖砌包括窗台虎头砖、腰线、门窗套
　　　　　3. 安放木砖、铁件等

单位：10m³

| 定 额 编 号 | | | | A1-16 | A1-7 |
|---|---|---|---|---|---|
| 项　　目 | | | | 混水砖墙 | |
| | | | | 3/4 砖 | 1 砖 |
| | | | | 水泥砂浆 M7.5 | 混合砂浆 M5 |
| 基价（元） | | | | 3525.07 | 3254.83 |
| 其中 | | 人工费（元） | | 1524.00 | 1247.68 |
| | | 材料费（元） | | 1962.43 | 1965.20 |
| | | 机械费（元） | | 38.64 | 41.95 |
| 名　　称 | | 单位 | 单价（元） | 数　　量 | |
| 人工 | 普工 | 工日 | 60.00 | 8.840 | 7.240 |
| | 技工 | 工日 | 92.00 | 10.800 | 8.840 |
| 材料 | 水泥砂浆　M7.5 | m³ | 221.25 | 2.130 | — |
| | 水泥混合砂浆　M5 | m³ | 223.94 | — | 2.250 |
| | 蒸压灰砂砖 240×115×53 | 千块 | 270 | 5.510 | 5.400 |
| | 水 | m³ | 3.15 | 1.100 | 1.060 |
| 机械 | 灰浆搅拌机　200L | 台班 | 110.40 | 0.350 | 0.380 |

【例 3-10】 试确定［例 3-10］中的材料消耗量。

解　查阅2013年《湖北省建筑工程消耗量定额及统一基价表》（结构、屋面）分册，见表 3-5，可知消耗如下材料：

定额编号为 A1-17

M5 混合砂浆＝2.25m³　标准砖＝5.4 千块　水＝1.06m³

要分析 2.25m³ M5 混合砂浆中具体消耗多少水泥、砂、石灰膏，还需要查阅定额附表中的砌筑砂浆配合比。详见表 3-5，查阅砌筑砂浆配合比表的 5-2，可知每 m³ M5 混合砂浆消耗：

325 水泥＝216kg/m³　　中（粗）砂＝1.18m³/m³　　石灰膏＝0.1m³/m³

所以

10m³ M5 混合砂浆砌一砖厚混水标准砖墙中消耗：

325 水泥＝216×2.25＝486kg

中（粗）砂＝1.18×2.25＝2.655m³

石灰膏＝0.1×2.25＝0.225m³

**表 3 - 5**　　　　　　　　　　砌筑砂浆配合比表（附录）　　　　　　　　　单位：m³

| 定 额 编 号 | | | 5-2 | 5-3 | 5-4 |
|---|---|---|---|---|---|
| 项　　　目 | | | 水泥混合砂浆 | | |
| | | | M5 | M7.5 | M10 |
| 基价（元） | | | 223.94 | 235.47 | 245.17 |
| 名　　称 | 单位 | 单价（元） | 数　　量 | | |
| 材料 | 水泥 32.5 | kg | 0.46 | 216.00 | 247.00 | 277.00 |
| | 中（粗）砂 | kg | 93.19 | 1.180 | 1.180 | 1.180 |
| | 石灰膏 | m³ | 138 | 0.100 | 0.080 | 0.050 |
| | 水 | m³ | 3.15 | 0.260 | 0.270 | 0.280 |

3. 预算定额的换算

当施工图纸设计要求与定额的工程内容、规格与型号、施工方法等条件不完全相符，按定额有关规定允许进行调整与换算时，则该分项项目或结构能套用相应定额项目，但须按规定进行调整与换算。

定额调整与换算的实质就是按定额规定的换算范围、内容和方法，对某些分项工程项目或结构构件按设计要求进行调整与换算。对于调整与换算后的定额项目编号在右下角应注以"换"字，以示区别。

预算定额的调整与换算的常见类型有以下几种：

(1) 砂浆、混凝土配合比换算。砂浆、混凝土配合比换算是指当设计砂浆、混凝土配合比与定额规定不同时，砂浆、混凝土用量不变，即人工费、机械费不变，只调整材料费，应按定额规定的换算范围进行换算。其换算公式如下：

换算后定额基价＝原定额基价＋[换入砂浆（混凝土）单价－定额砂浆（或混凝土）单价]

$$×定额砂浆（或混凝土）用量 \quad\quad (3-1)$$

换算后相应定额消耗量＝原定额消耗量＋[设计砂浆（混凝土）单位用量

$$－定额砂浆（或混凝土）单位用量×定额砂浆（或混凝土）用量]$$

$$(3-2)$$

**【例 3 - 11】** 试确定 M10 混合砂浆砌一砖厚混水砖墙 10m³ 的定额编号、定额基价、人工费、材料费、材料消耗量。

**解**　查阅 2008 年《湖北省建筑工程消耗量定额及统一基价表》（基础、结构、屋面）分册，详见表 3-4、表 3-5，可知消耗如下材料：

查定额编号：A1-7换

M10 混合砂浆砌一砖厚混水砖墙新基价＝3254.83＋2.25×(245.17－223.94)

$$＝3302.60元/10m³$$

人工费＝1247.68 元

材料费＝1965.20＋2.25×(245.17－223.94)

　　　　＝2012.97元/10m³

机械费＝41.95 元

标准砖＝5.4 千块　　M10 混合砂浆＝2.25m³

查附录 5-4　325 水泥＝277×2.25＝623.25kg

　　　　　　中（粗）砂＝1.18×2.25＝2.66m³

　　　　　　石灰膏＝0.05×2.25＝0.11m³

（2）砂浆厚度换算。砂浆厚度换算就是设计规定的砂浆抹灰厚度与定额规定不相符时，砂浆用量要改变，因而人工费、材料费、机械费均匀换算，在定额规定允许范围内，对其单价进行换算。

【例 3-12】　某房屋混凝土楼板上抹 25 厚水泥砂浆找平层。试确定 100m² 水泥砂浆找平层的定额编号、定额基价、人工费、材料消耗量。

解　查阅 2013 年《湖北省建筑工程消耗量定额及统一基价表》（装饰装修）分册，详见表 3-6，可知消耗如下材料：

查定额编号 A13-20换

25 厚水泥砂浆找平层定额新基价＝1343.39＋230.49＝1573.88 元

人工费＝635.36＋69.24＝704.6 元

材料费＝670.49＋151.31＝821.8 元

机械费＝37.54＋9.94＝47.48 元

表 3-6　　　　　　　　　　　找　平　层

工作内容：1. 清理基层、调运砂浆、抹平、压实　2. 刷素水泥浆　　　　　　单位：100m²

| 定 额 编 号 | | | | A13-20 | A13-22 |
|---|---|---|---|---|---|
| 项　　　目 | | | | 水泥砂浆找平层 | |
| | | | | 混凝土或硬基层土 | 厚度每增减 5mm |
| | | | | 厚度 20mm | |
| 基价（元） | | | | 1343.39 | 230.49 |
| 其中 | | 人工费（元） | | 635.36 | 69.24 |
| | | 材料费（元） | | 670.49 | 151.31 |
| | | 机械费（元） | | 37.54 | 9.94 |
| | 名　　称 | 单位 | 单价（元） | 数　　量 | |
| 人工 | 普工 | 工日 | 60.00 | 2.570 | 0.280 |
| | 技工 | 工日 | 92.00 | 5.230 | 0.570 |
| 材料 | 水泥混合砂浆　1∶3 | m³ | 296.69 | 2.020 | 0.510 |
| | 水泥浆 | m³ | 692.87 | 0.100 | — |
| | 水 | 元 | 3.15 | 0.600 | — |
| 机械 | 灰浆搅拌机　200L | 台班 | 110.40 | 0.340 | 0.090 |

查附录 6-22，详见表 3-7。

1：3 水泥砂浆＝2.02＋0.51＝2.53m³

325 水泥＝404×2.53＝1022.13kg

中粗砂＝1.18×2.53＝2.99m³

查附录6-50，详见表3-7。

水泥浆＝0.1m³

325 水泥＝1502×0.1＝150.2kg

所以 325 水泥合计消耗量＝1022.13＋150.2＝1172.33kg

表 3-7　　　　　　　　　　抹灰砂浆配合比表（附录）　　　　　　　　　单位：m³

| 定 额 编 号 | | | 6-22 | 6-50 |
|---|---|---|---|---|
| 项 目 | | | 水泥砂浆 | 水泥浆 |
| | | | 1：3 | |
| 基价（元） | | | 296.69 | 692.87 |
| | 名 称 | 单位 | 单价（元） | 数 量 | |
| 材料 | 水泥 32.5 | kg | 0.46 | 404.00 | 1502.00 |
| | 中（粗）砂 | kg | 93.19 | 1.180 | — |
| | 水 | m³ | 3.15 | 0.280 | 0.620 |

（3）其他换算

当设计的工程项目内容与定额规定的相应内容不完全相符时，按定额规定对定额中的一部分或全部乘以大于（或小于）1 的系数进行换算。

【例 3-13】　试确定人工挖基坑 100m³ 的定额编号、定额基价。三类土，基坑深度为6m，湿土。

解　查阅 2013 年《湖北省建设工程消耗量定额及基价表》（土石方、地基处理、桩基础、预拌砂浆）可知，人工挖湿土时，人工和机械乘系数 1.18。

查定额编号 G1-154换

新基价＝5018.79（定额原基价）×1.18（定额规定的系数）＝5922.17元

4. 补充定额

当分项工程项目或结构构件的设计要求与定额适用范围和规定内容完全不符合或者由于设计采用新结构、新材料、新工艺、新方法，在预算定额中没有这类项目，属于定额缺项时，应另行补充预算定额。

补充定额编制有两种情况。一类是地区性补充定额，这类定额项目全国或省（市）统一预算定额并没有包括，但此类项目本地区经常遇到，可由当地（市）造价管理机构按预算定额编制原则、方法和统一口径与水平编制地区性补充定额，报上级造价管理机构批准颁布；另一类是一次性使用的临时定额，此类定额项目可由预（结）算编制单位根据设计要求，按照预算定额编制原则并结合工程实际情况，编制一次性补充定额，在预（结）算审核中审定。

## 小　结

本章首先介绍了预算定额的概念、种类、特点、作用等相关基本内容；其次介绍了预算定额中的人工、材料、机械消耗量指标及人、材、机单价的编制方法，最后重点介绍了预算定额及统一基价表的组成及如何直接套用定额和对定额进行换算，这是编制概（预）算的基础。

## 习　题

1. 什么是预算定额？预算定额有何特点和作用？

2. 预算定额的编制原则是什么？

3. 在预算定额人工工日消耗量计算时，已知完成单位合格产品的基本用工为 22 工日，超运距用工为 5 工日，辅助用工为 3 工日，人工幅度差系数是 12%，试计算预算定额中的人工工日消耗量。

4. 采用现场测定法测得某种建筑材料在正常施工条件下的单位消耗量为 12.48kg，损耗量为 0.66kg，试计算该材料的损耗率。

5. 确定材料损耗定额的办法主要有哪些？

6. 某施工机械预计使用 9 年，使用期内有 3 个大修周期，大修间隔台班为 800 台班，一次大修理费为 5000 元，试计算台班大修理费。

7. 施工机械进出场及安拆费是否每种施工机械都发生，应如何确定？

8. 查阅本地区统一预算定额（或单位估价表），列出下列分项工程定额编号、基价、人工及主要材料消耗量：

（1）人工挖沟槽，三类土，深 4m 以内。

（2）M10 水泥砂浆砌页岩砖基础。

（3）C25 商品混凝土独立基础。

（4）一类预制混凝土构件运输（运输 15km 以内）。

（5）椽子上铺设小青瓦屋面。

（6）水泥珍珠岩块屋面保温。

# 第4章 费 用 定 额

📖本章学习目标

1. 了解建设工程费用定额的概念及组成内容。
2. 熟悉建筑安装工程费用的构成。
3. 掌握建筑安装工程费用定额在两种计价方式下的应用。

## 4.1 建设工程费用定额概述

### 4.1.1 建设工程费用定额的概念

建设工程费用定额是指除了耗用在工程实体上的人工、材料、施工机械等直接工程费之外，还在工程施工生产管理及企业生产经营管理活动中所必需发生的各项费用开支的标准。

我们知道，在建设工程施工过程中，除了直接耗用在工程实体上的人工、材料、施工机械等费用之外，还会发生一些虽然没有包括在预算定额项目之内，但又与工程施工生产和维持企业的生产经营管理活动有关的费用，例如夜间施工增加费、安全文明施工措施费、生产企业管理人员工资、劳动保险费、营业税等。这些费用内容多，性质复杂，对工程造价的影响也很大。为了理顺参建各方的经济关系，保证建设资金的合理使用，也为了方便计算，在全面深入的调查研究基础上，经过认真地分析测算，按照一定的计算基础，以百分比的形式，分别制定出上述各项费用的取费标准。

### 4.1.2 建设工程费用定额的作用

#### 1. 合理确定工程造价的依据

建设工程造价是由设备及工器具购置费、建筑安装工程费、工程建设其他费用、预备费、建设期贷款利息、固定资产投资方向调节税等所组成，其中建筑安装工程费又是由直接费、间接费、利润和税金所组成的。在上述费用中，除了直接工程费以外，其余各项费用都属于建设工程费用定额范畴之内的，都必须通过制订费用标准（即费用定额），按照直接费或人工费为基础计取。因此，建设工程费用定额是合理确定工程造价必不可少的重要依据之一。

#### 2. 施工企业提高经营管理水平的重要工具

合理的建设工程费用定额，有利于促进施工企业贯彻经济核算制，搞好企业的经营。费用定额中的间接费定额是企业计算间接费收入的基本依据，企业要想达到以收抵支、降低非生产性开支、增加盈利、提高投资效果的目的，就必须在定额规定的范围内加强经济核算，改善经营管理，提高劳动生产率，不断地降低工程成本。尤其应当指出，间接费与直接费的重要区别就在于：间接费的费用支出同企业的经营管理水平、行政机构的工作效率有着直接的联系。所以，制定一个合理的间接费定额，就能够有力地促进企业的经济核算，逐步改善企业的经营管理水平，不断提高企业的投资效果。

### 4.1.3 建设工程费用定额的组成

建设工程费用定额主要包括措施项目费、企业管理费、规费、利润和税金等。

1. 措施项目费

措施项目费定额是指直接工程费以外的建设工程施工生产过程中发生的各项费用开支标准。它同人工费、材料费、施工机械使用费相比，具有较大的弹性。对于某一个具体的单位工程来讲，可能发生，也可能不发生，需要根据施工现场具体的情况加以确定，通常是以按直接费或人工费的一定比例即费率的形式计取此项费用。

2. 企业管理费

企业管理费定额是指建设工程施工企业为组织施工和进行经营管理，以及间接为建设工程施工生产服务所必须发生的各项费用开支的标准。

3. 规费

规费是指政府建设行政主管部门，为确保工程造价的管理、工程安全生产的监督和施工企业职工的劳动保障而规定必须计入工程造价的费用。

4. 利润和税金

建设工程施工企业的职工为社会劳动所创造的价值，在工程造价中是由利润和税金体现的。利润和税金根据国家和省、市自治区规定的指导费率计取。

### 4.1.4 建设工程费用定额的编制原则

建设工程费用定额是计算建设工程费用、编制工程造价文件的重要依据，它的合理性和准确性直接关系到工程造价确定的准确性。为此，编制建设工程费用定额时，必须贯彻下述原则。

1. 按照社会必要劳动量确定定额水平的原则

根据社会必要劳动量规律的要求，按照中等企业开支水平编制建设工程费用定额，保证大多数建设工程企业在生产经营、组织和管理生产中所必需的各种费用。合理地确定定额水平，关系到定额能否在生产组织管理中发挥作用。在确定建设工程费用定额时，必须及时准确地反映企业的施工管理水平，同时也应考虑材料预算价格上涨、定额人工费的变化对建设工程费用定额中有关费用支出的影响因素。各项费用开支标准应符合国务院、财政部、劳动人事部、各省、自治区、直辖市人民政府的有关规定。

2. 贯彻"简明、适用"原则

确定建设工程费用定额，应在尽可能地反映实际消耗水平的前提下，做到形式简明，方便适用。要结合工程建设的技术经济特点，在认真分析各项费用属性的基础上，理顺费用定额的项目划分，有关部门可以按照统一的费用项目划分，制订相应的费率，费率的划分应与不同类型的工程和不同企业等级承担工程的范围相适应，按工程类型划分费率，实行同一工程、同一费率。运用定额计取各项费用的方法应力求简单易行。

3. 贯彻灵活性和准确性原则

建设工程费用定额在编制过程中，一定要充分考虑可能影响工程造价的各种因素。在编制其他直接费定额时，要充分对施工现场中的各种因素进行定性、定量的分析，从而在研究后制定出合理的费用标准。在编制间接费用定额和现场经费定额时，要本着增产节约的原则，在满足施工生产和经营管理的基础上，尽量压缩非生产人员和非生产用工，以节约企业管理费的有关费用支出。

## 4.2　湖北省地区建筑安装工程费用组成

以 2013 年《湖北省建筑安装工程费用定额》为例，建筑安装工程费由分部分项工程费、措施项目费、其他项目费、规费和税金组成。

分部分项工程费、措施项目费、其他项目费包含人工费、材料（含工程设备，下同）费、施工机具使用费、企业管理费和利润。

具体划分见建筑安装工程费用项目组成，如图 4-1 所示。

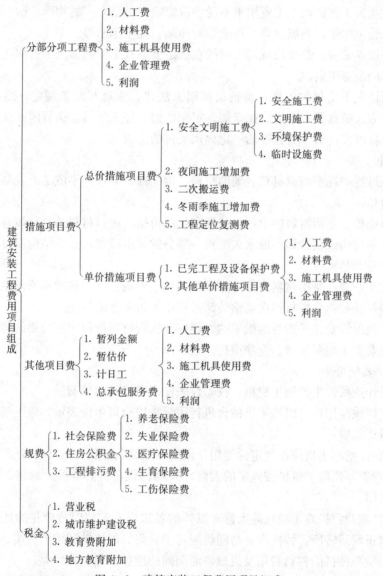

图 4-1　建筑安装工程费用项目组成

### 4.2.1　分部分项工程费

分部分项工程费是指各专业工程的分部分项工程应予列支的各项费用。分部分项工程是指按现行国家计量规范对各专业工程划分的项目，是分部工程和分项工程的总称。如房屋建筑与装饰工程划分的土石方工程、地基处理与边坡支护工程、桩基工程、砌筑工程、钢筋及钢筋混凝土工程等。

1. 人工费

是指直接从事建筑安装工程施工的生产工人开支的各项费用，内容包括：

（1）计时工资或计件工资：是指按计时工资标准和工作时间或对已做工作按计件单价支付给个人的劳动报酬。

（2）奖金：是指对超额劳动和增收节支支付的劳动报酬。如节约奖、劳动竞赛奖等。

（3）津贴、补贴：是指为了补偿职工特殊或额外的劳动消耗和因其他特殊原因支付给个人的津贴，以及为了保证职工工资水平不受物价影响支付给个人的物价补贴。如流动施工津贴、特殊地区施工津贴、高温（寒）作业临时津贴、高空津贴等。

（4）加班加点工资：是指按规定支付的在法定节假日工作的加班工资和在法定日工作时间外延时工作的加点工资。

（5）特殊情况下支付的工资：是指根据国家法律、法规和政策规定，因病、工伤、产假、计划生育假、婚丧假、事假、探亲假、定期休假、停工学习、执行国家或社会义务等原因按计时工资标准或计时工资标准的一定比例支付的工资。

2. 材料费

是指施工过程中耗费的原材料、辅助材料、构配件、零件、半成品或成品、工程设备的费用。内容包括：

（1）材料原价：是指材料的出厂价或商家供应价格。进口材料的原价按有关规定计算。

工程设备是指构成或计划构成永久工程一部分的机电设备、金属结构设备、仪器装置及其他类似的设备和装置。

（2）材料运杂费：是指材料自来源地运至工地仓库或指定堆放地点所发生的全部费用。

（3）运输损耗费：是指材料在运输装卸过程中不可避免的损耗。

（4）采购及保管费：是指为组织采购、供应和保管材料过程中所需要的各项费用。包括采购费、仓储费、工地保管费、仓储损耗。

3. 施工机具使用费

是指施工作业所发生的施工机械、仪器仪表使用费或其租赁费。

（1）施工机械使用费：以施工机械台班耗用量乘以台班单价表示，施工机械台班单价应由下列七项费用组成：

1）折旧费：指施工机械在规定的使用年限内，陆续收回其原值及购置资金的时间价值。

2）大修理费：指施工机械按规定的大修理间隔台班进行必要的大修理，以恢复其正常功能所需的费用。

3）经常修理费：指施工机械除大修理以外的各级保养和临时故障排除所需的费用。包括为保障机械正常运转所需替换设备与随机配备工具附具的摊销和维护费用，机械运转中日常保养所需润滑与擦拭的材料费用及机械停滞期间的维护和保养费用等。

4）安拆费及场外运费：安拆费指施工机械（大型机械除外）在现场进行安装与拆卸所需的人工、材料、机械和试运转费用以及机械辅助设施的折旧、搭设、拆除等费用；场外运费指施工机械整体或分体自停放地点运至施工现场或由一施工地点运至另一施工地点的运输、装卸、辅助材料及架线等费用。

工地间移动较为频繁的小型机械及部分机械的安拆费及场外运费，已包含在机械台班单价中。

5）人工费：指机上司机（司炉）和其他操作人员的人工费。

6）燃料动力费：指施工机械在运转作业中所消耗的各种燃料及水、电等费用。

7）税费：指施工机械按照国家和有关部门的规定应缴纳的车船使用税、保险费及年检费等。

大型机械安拆费及场外运费按本省的相关定额规定计取。

（2）仪器仪表使用费：是指工程施工所需使用的仪器仪表的摊销及维修费用。

4. 企业管理费

是指建筑安装企业组织施工生产和经营管理所需费用。内容包括：

（1）管理人员工资：是指支付管理人员的工资、奖金、津贴补贴、加班加点工资及特殊情况下支付的工资等。

（2）办公费：是指企业管理办公用的文具、纸张、账表、印刷、邮电、书报、办公软件、现场监控、会议、水电、烧水和集体取暖降温（包括现场临时宿舍取暖降温等）等费用。

（3）差旅交通费：是指职工因公出差、调动工作的差旅费、住勤补助费，市内交通费和误餐补助费，职工探亲路费，劳动力招募费，职工退休、退职一次性路费，工伤人员就医路费，工地转移费以及管理部门使用的交通工具的油料、燃料等费用。

（4）固定资产使用费：是指管理和试验部门及附属生产单位使用的属于固定资产的房屋、设备仪器等的折旧、大修、维修或租赁费。

（5）工具用具使用费：是指企业施工生产所需的价值低于 2000 元或管理使用的不属于固定资产的生产工具、器具、家具、交通工具和检验、试验、测绘、消防用具等的购置、维修和摊销费。

（6）劳动保险费和职工福利费：是指由企业支付的职工退职金、按规定支付给离休干部的经费，集体福利费、夏季防暑降温、冬季取暖补贴、上下班交通补贴等。

（7）劳动保护费：是指企业按规定发放的劳动保护用品的支出。如工作服、手套以及在有碍身体健康的环境中施工的保健费用等。

（8）检验试验费：是指企业按照有关标准规定，对建筑以及材料、构件和建筑安装物进行一般鉴定、检查所发生的费用，包括自设试验室进行试验所耗用的材料等费用。

新结构、新材料的试验费，对构件做破坏性试验及其他特殊要求检验试验的费用和按有关规定由发包人委托检测机构进行检测的费用，对此类检测发生的费用，由发包人在工程建设其他费用中列支。

对承包人提供的具有合格证明的材料进行检测，不合格的，检测费用由承包人承担；合格的，检测费用由发包人承担。

（9）工会经费：是指企业按《工会法》规定的全部职工工资总额比例计提的工会经费。

（10）职工教育经费：是指按职工工资总额的规定比例计提，企业为职工进行专业技术和职业技能培训，专业技术人员继续教育、职工职业技能鉴定、职业资格认定以及根据需要对职工进行各类文化教育所发生的费用。企业发生的职工教育经费支出，按企业职工工资薪金总额 1.5%～2.5% 计提。

（11）财产保险费：是指施工管理用财产、车辆等保险费用。

（12）财务费：是指企业为施工生产筹集资金或提供预付款担保、履约担保、职工工资支付担保等所发生的费用。

（13）税金：是指企业按规定缴纳的房产税、车船使用税、土地使用税、印花税等。

（14）其他：包括技术转让费、技术开发费、投标费、业务招待费、绿化费、广告费、公证费、法律顾问费、审计费、咨询费、保险费等。

企业管理费中未考虑塔吊监控设施，发生时另行计算。

**5. 利润**

是指施工企业完成所承包工程获得的盈利。

### 4.2.2 措施项目费

措施项目费是指为完成建设工程项目施工，发生于该工程施工前和施工过程中技术、生活、安全、环境保护等方面的费用。措施项目费分为总价措施项目费（组织措施费）和单价措施项目费（技术措施费）。

**1. 总价措施项目费**

（1）安全文明施工费：是指按照国家现行的施工安全、施工现场环境与卫生标准和有关规定，购置、更新和安装施工安全防护用具及设施、改善安全生产条件和作业环境，以及施工企业为进行工程施工所必须搭设的生活和生产用的临时建筑物、构筑物和其他临时设施的搭设、维修、拆除、清理费或摊销的费用等。该费用包括：

1）安全施工费：是指按国家现行的建筑施工安全标准和有关规定，购置和更新施工安全防护用具及设施，改善安全生产条件所需的各项费用。

2）文明施工费：是指施工现场文明施工所需要的各项费用。

3）环境保护费：是指施工现场为达到国家环保部门要求的环境和卫生标准，改善生产条件和作业环境所需要的各项费用。

4）临时设施费：是指施工企业为进行建设工程施工所必须搭设的生活和生产用的临时建筑物、构筑物和其他临时设施的搭设、维修、拆除、清理费或摊销费等。

安全文明施工费内容包含：

安全警示标志牌、现场围挡、五板一图、企业标志、场容场貌、材料堆放、垃圾清运（指至场内指定地点）、现场防火等；

楼板、屋面、阳台等临边防护、通道口防护、预留洞口防护、电梯井口防护、楼梯边防护、垂直方向交叉作业防护、高层作业防护费用；

现场办公生活设施、施工现场临时用电的配电线路、配电箱开关箱、接地保护装置。

不含《建设工程施工现场消防安全技术规范》（GB 50720—2011）规定的临时消防设施内容。

（2）夜间施工增加费：是指因夜间施工所发生的夜班补助费、夜间施工降效、夜间施工照明设备摊销及照明用电等费用。

（3）二次搬运费：是指因施工场地狭小等特殊情况而发生的材料、构配件、半成品等一次运输不能到达堆放地点，必须进行二次或多次搬运所发生的费用。

（4）冬雨季施工增加费：是指冬季或雨季施工需增加的临时设施、防滑、排除雨雪，人工及施工机械效率降低等费用。

（5）工程定位复测费：是指工程施工过程中进行全部施工测量放线和复测工作的费用。

2. 单价措施项目费

（1）已完工程及设备保护费：是指竣工验收前，对已完工程及设备采取的必要保护措施所发生的费用。

（2）其他单价措施项目费用内容详见现行国家各专业工程工程量计算规范。

安全防护工程图例如图 4-2 所示

图 4-2　安全防护工程图例

文明施工图例如图 4-3 所示。

### 4.2.3　其他项目费

1. 暂列金额

是指建设单位在工程量清单中暂定并包括在工程合同价款中的一笔款项。用于施工合同签订时尚未确定或者不可预见的所需材料、服务的采购，施工中可能发生的工程变更、合同约定调整因素出现时的工程价款调整以及发生的索赔、现场签证确认等的费用。

2. 暂估价

是指招标人在工程量清单中提供的用于

图 4-3　文明施工图例

支付必然发生但暂时不能确定价格的材料的单价以及专业工程的金额。

暂估价分为材料暂估单价、工程设备暂估单价、专业工程暂估金额。

3. 计日工

是指在施工过程中，承包人完成发包人提供的工程合同范围以外的零星项目或工作，按合同中约定单价计算的费用。

4. 总承包服务费

是指总承包人为配合、协调发包人进行的专业工程发包，对发包人自行采购的材料等进行保管以及施工现场管理、竣工资料汇总整理等服务所需的费用。

### 4.2.4　规费

规费是指按国家法律、法规规定，由省级政府和省级有关权力部门规定必须缴纳或计取的费用。内容包括：

1. 社会保险费

（1）养老保险费：是指企业按照规定标准为职工缴纳的基本养老保险费。

（2）失业保险费：是指企业按照规定标准为职工缴纳的失业保险费。

（3）医疗保险费：是指企业按照规定标准为职工缴纳的基本医疗保险费。

（4）生育保险费：是指企业按照规定标准为职工缴纳的生育保险费。

（5）工伤保险费：是指企业按照规定标准为职工缴纳的工伤保险费。

2. 住房公积金

是指企业按照规定标准为职工缴纳的住房公积金。

3. 工程排污费

是指按照规定缴纳的施工现场工程排污费。

其他应列而未列入的规费，按实际发生计取。

### 4.2.5　税金

税金是指国家税法规定的应计入建筑安装工程造价内的营业税、城市维护建设税、教育费附加以及地方教育附加。

若实行营业税改增值税时，按纳税地点调整的税率另行计算。

## 4.3　湖北省地区建筑安装工程费用定额的应用

以 2013 年《湖北省建筑安装工程费用定额》为例，费用定额的应用要注意一些方面内容。

### 4.3.1　各专业工程的适用范围

1. 房屋建筑工程

适用于工业与民用临时性和永久性的建筑物（含构筑物）。包括各种房屋、设备基础、钢筋混凝土、砖石砌筑、木结构、钢结构及零星金属构件、烟囱、水塔、水池、围墙、挡土墙、化粪池、窨井、室内外管道沟砌筑等。

2. 装饰工程

适用于新建、扩建和改建工程的建筑装饰装修。包括楼地面工程、墙柱面装饰工程、天棚装饰工程、门窗和幕墙工程及油漆、涂料、裱糊工程等。

3. 通用安装工程

适用于机械设备安装工程、热力设备安装工程、静置设备与工艺金属结构制作安装工

程、电气设备安装工程、建筑智能化工程、自动化控制仪表安装工程、通风空调工程、工业
管道工程、消防工程、给排水、采暖、燃气工程、通信设备及线路工程、刷油、防腐蚀、绝
热工程等。

4. 市政工程

适用于城镇管辖范围内的道路工程、桥涵工程、隧道工程、管网工程、水处理工程、生
活垃圾处理工程、钢筋工程、拆除工程。

5. 园林绿化工程

适用于新建、扩建的园林建筑及绿化工程。内容包括绿化工程、园路、园桥工程、园林
景观工程。

6. 土石方工程

适用于各专业工程的土石方工程。

### 4.3.2　各专业工程的计费基础

以人工费与施工机具使用费之和为计费基数。

### 4.3.3　承包人可调整施工措施项目费的情形

(1) 工程变更引起施工方案改变并使措施项目发生变化时。

(2) 合同履行期间，由于招标工程量清单缺项，新增分部分项工程清单项目的。

(3) 合同履行期间，当应予计算的实际工程量与招标工程量清单出现增减超过 15% 时。

第 (1)、(2) 种情势下，由承包人提出调整措施项目费，并提交发包人确认。措施项目
费按照下列规定调整：

(1) 安全文明施工费应按照实际发生变化的措施项目依据现行规定计算；

(2) 单价措施项目费，应按照实际发生变化的措施项目，按现行规定确定单价；

(3) 总价措施项目费，按照实际发生变化的措施项目调整，但应考虑承包人报价浮动
因素，即实际调整金额乘以现行规范规定的承包人报价浮动率。

如果承包人未事先将拟实施的方案提交给发包人确认，则应视为工程变更不引起措施项
目费的调整或承包人放弃调整措施项目费的权利。

第 (3) 种情势下，引起相关措施项目费发生变化时，按系数或单一总价方式计算的，
工程量增加的措施项目费调增，工程量减少的措施项目费调减。

### 4.3.4　总承包服务费

总承包服务费应依据招标人在招标文件中列出的分包专业工程内容和供应材料、设备情况，
按照招标人提出协调、配合和服务要求及施工现场管理需要自主确定，也可参照下列标准计算。

(1) 招标人仅要求对分包的专业工程进行总承包管理和协调时，按分包的专业工程造价
的 1.5% 计算。

(2) 招标人要求对分包的专业工程进行总承包管理和协调，并同时要求提供配合服务
时，根据招标文件中列出的配合服务内容和提出的要求，按分包的专业工程造价的 3%～
5% 计算。配合服务的内容包括对分包单位的管理、协调和施工配合等费用；施工现场水电
设施、管线敷设的摊销费用；共用脚手架搭拆的摊销费用；共用垂直运输设备，加压设备的
使用、折旧、维修费用等。

(3) 招标人自行供应材料、工程设备的，按招标人供应材料、工程设备价值的 1% 计算。

#### 4.3.5　税金采用综合税率

各地税务部门有其他规定时，由当地造价管理机构根据税务部门的规定进行补充，并报省建设工程标准定额管理总站备查。

#### 4.3.6　人工单价（见表4-1）

表4-1　　　　　　　　　　　　人 工 单 价　　　　　　　　　　　单位：元/工日

| 人工级别 | 普工 | 技工 | 高级技工 |
|---|---|---|---|
| 工日单价 | 60 | 92 | 138 |

注：1. 此价格为 2013 版定额编制期的人工发布价。

　　2. 普工为技术等级 1～3 级的工人，技工为技术等级 4～7 级的工人，高级技工为技术等级 7 级以上的工人。

#### 4.3.7　费率标准

**1. 总价措施项目费**

（1）安全文明施工费（见表4-2）。

表4-2　　　　　　　　　　　安 全 文 明 施 工 费　　　　　　　　　　单位：%

| 专业<br>建筑划分 | 房屋建筑工程 | | | 装饰工程 | 通用安装工程 | 土石方工程 | 市政工程 | 园林绿化工程 |
|---|---|---|---|---|---|---|---|---|
| | 12层以下<br>（或檐高≤40m） | 12层以上<br>（或檐高＞40m） | 工业厂房 | | | | | |
| 计费基数 | 人工费＋施工机具使用费 | | | | | | | |
| 费率 | 13.28 | 12.51 | 10.68 | 5.81 | 9.05 | 3.46 | — | — |
| 其中　安全施工费 | 7.20 | 7.41 | 4.94 | 3.29 | 3.57 | 1.06 | — | — |
| 其中　文明施工费<br>环境保护费 | 3.68 | 2.47 | 3.19 | 1.29 | 1.97 | 1.44 | — | — |
| 其中　临时设施费 | 2.40 | 2.63 | 2.55 | 1.23 | 3.51 | 0.96 | — | — |

（2）其他总价措施项目费（见表4-3）。

表4-3　　　　　　　　　　　其 他 总 价 措 施 项 目 费　　　　　　　　　单位：%

| 计 费 基 数 | 人工费＋施工机具使用费 |
|---|---|
| 费　率 | 0.65 |
| 其中　夜间施工增加费 | 0.15 |
| 其中　二次搬运费 | 按施工组织设计 |
| 其中　冬雨季施工增加费 | 0.37 |
| 其中　工程定位复测费 | 0.13 |

**2. 企业管理费（见表4-4）**

表4-4　　　　　　　　　　　企 业 管 理 费　　　　　　　　　　　单位：%

| 专业 | 房屋建筑工程 | 装饰工程 | 通用安装工程 | 土石方工程 | 市政工程 | 园林绿化工程 |
|---|---|---|---|---|---|---|
| 计费基数 | 人工费＋施工机具使用费 | | | | | |
| 费率 | 23.84 | 13.47 | 17.50 | 7.60 | — | — |

3. 利润（见表 4-5）

**表 4-5** 利 润 单位:%

| 专业 | 房屋建筑工程 | 装饰工程 | 通用安装工程 | 土石方工程 | 市政工程 | 园林绿化工程 |
|---|---|---|---|---|---|---|
| 计费基数 | 人工费＋施工机具使用费 | | | | | |
| 费率 | 18.17 | 15.80 | 14.91 | 4.96 | — | — |

4. 规费（见表 4-6）

**表 4-6** 规 费 单位:%

| 专业 | | 房屋建筑工程 | 装饰工程 | 通用安装工程 | 土石方工程 | 市政工程 | 园林绿化工程 |
|---|---|---|---|---|---|---|---|
| 计费基数 | | 人工费＋施工机具使用费 | | | | | |
| 费率 | | 24.72 | 10.95 | 11.66 | 6.11 | — | — |
| 其中 | 社会保险费 | 18.49 | 8.18 | 8.71 | 4.57 | — | — |
| | 养老保险费 | 11.68 | 5.26 | 5.60 | 2.89 | — | — |
| | 失业保险费 | 1.17 | 0.52 | 0.56 | 0.29 | — | — |
| | 医疗保险费 | 3.70 | 1.54 | 1.64 | 0.91 | — | — |
| | 工伤保险费 | 1.36 | 0.61 | 0.65 | 0.34 | — | — |
| | 生育保险费 | 0.58 | 0.25 | 0.26 | 0.14 | — | — |
| | 住房公积金 | 4.87 | 2.06 | 2.20 | 1.20 | — | — |
| | 工程排污费 | 1.36 | 0.71 | 0.75 | 0.34 | — | — |

5. 税金（见表 4-7）

**表 4-7** 税 金

| 纳税人地区 | 纳税人所在地在市区 | 纳税人所在地在县城、镇 | 纳税人所在地不在市区、县城或镇 |
|---|---|---|---|
| 计税基数 | 不含税工程造价 | | |
| 综合税率（%） | 3.48 | 3.41 | 3.28 |

注: 1. 不分国营或集体企业，均以工程所在地税率计取。

  2. 企事业单位所属的建筑修缮单位，承包本单位建筑、安装和修缮业务不计取税金（本单位的范围只限于从事建筑安装和修缮业务的企业单位本身，不能扩大到本部门各个企业之间或总分支机构之间）。

  3. 建筑安装企业承包工程实行分包形式的，税金由总承包单位统一缴纳。

### 4.3.8 工程量清单计价

1. 说明

（1）工程量清单有分部分项工程量清单、措施项目清单、其他项目清单、规费项目清单、税金项目清单等组成。

（2）工程量清单计价指投标人完成由招标人提供的工程量清单所需的全部费用，包括分部分项工程费、措施项目费、其他项目费、规费、税金。

（3）综合单价是完成一个规定计量单位的分部分项工程量清单项目或措施清单项目所需的人工费、材料费、施工机械使用费、企业管理费与利润，以及一定范围内的风险费用。

(4) 措施项目清单包括技术措施项目清单和组织措施项目清单。技术措施项目清单计价的综合单价，按消耗量定额，结合工程的施工组织设计或施工方案计算。组织措施项目清单计价按费用定额中规定的费率和计算方法计算。

2. 工程量清单计价程序

采用工程量清单计价，单位工程造价计算程序见表 4 - 8～表 4 - 11。

(1) 分部分项工程及单价措施项目综合单价计算程序（见表 4 - 8）。

表 4 - 8                      分部分项工程及单价措施项目综合单价计算程序

| 序号 | 费 用 项 目 | 计 算 方 法 |
|------|------------|------------|
| 1 | 人工费 | Σ（人工费） |
| 2 | 材料费 | Σ（材料费） |
| 3 | 施工机具使用费 | Σ（施工机具使用费） |
| 4 | 企业管理费 | (1＋3)×费率 |
| 5 | 利润 | (1＋3)×费率 |
| 6 | 风险因素 | 按招标文件或约定 |
| 7 | 综合单价 | 1＋2＋3＋4＋5＋6 |

(2) 总价措施项目费计算程序（见表 4 - 9）。

表 4 - 9                              总价措施项目费计算程序

| 序号 | 费 用 项 目 | | 计 算 方 法 |
|------|------|------|------------|
| 1 | 分部分项工程费 | | Σ（分部分项工程费） |
| 1.1 | 其中 | 人工费 | Σ（人工费） |
| 1.2 | | 施工机具使用费 | Σ（施工机具使用费） |
| 2 | 单价措施项目费 | | Σ（单价措施项目费） |
| 2.1 | 其中 | 人工费 | Σ（人工费） |
| 2.2 | | 施工机具使用费 | Σ（施工机具使用费） |
| 3 | 总价措施项目费 | | 3.1＋3.2 |
| 3.1 | 安全文明施工费 | | (1.1＋1.2＋2.1＋2.2)×费率 |
| 3.2 | 其他总价措施项目费 | | (1.1＋1.2＋2.1＋2.2)×费率 |

(3) 其他项目费计算程序（见表 4 - 10）。

表 4 - 10                              其他项目费计算程序

| 序号 | 费 用 项 目 | | 计 算 方 法 |
|------|------|------|------------|
| 1 | 暂列金额 | | 按招标文件 |
| 2 | 暂估价 | | 2.1＋2.2 |
| 2.1 | 其中 | 材料暂估价/结算价 | Σ（材料暂估价×暂估数量）/Σ（材料结算价×结算数量） |
| 2.2 | | 专业工程暂估价/结算价 | 按招标文件/结算价 |
| 3 | 计日工 | | 3.1＋3.2＋3.3＋3.4＋3.5 |

| 序号 | | 费 用 项 目 | 计 算 方 法 |
|---|---|---|---|
| 3.1 | 其中 | 人工费 | ∑(人工价格×暂定数量) |
| 3.2 | | 材料费 | ∑(材料价格×暂定数量) |
| 3.3 | | 施工机具使用费 | ∑(机械台班价格×暂定数量) |
| 3.4 | | 企业管理费 | (3.1+3.3)×费率 |
| 3.5 | | 利润 | (3.1+3.3)×费率 |
| 4 | | 总包服务费 | 4.1+4.2 |
| 4.1 | 其中 | 发包人发包专业工程 | ∑(项目价值×费率) |
| 4.2 | | 发包人提供材料 | ∑(项目价值×费率) |
| 5 | | 索赔与现场签证 | ∑(价格×数量)/∑费用 |
| 6 | | 其他项目费 | 1+2+3+4+5 |

(4) 单位工程造价计算程序表（见表 4-11）。

表 4-11                 **单位工程造价计算程序表**

| 序号 | | 费 用 项 目 | 计 算 方 法 |
|---|---|---|---|
| 1 | | 分部分项工程费 | ∑(分部分项工程费) |
| 1.1 | 其中 | 人工费 | ∑(人工费) |
| 1.2 | | 施工机具使用费 | ∑(施工机具使用费) |
| 2 | | 单价措施项目费 | ∑(单价措施项目费) |
| 2.1 | 其中 | 人工费 | ∑(人工费) |
| 2.2 | | 施工机具使用费 | ∑(施工机具使用费) |
| 3 | | 总价措施项目费 | ∑(总价措施项目费) |
| 4 | | 其他项目费 | ∑(其他项目费) |
| 4.1 | 其中 | 人工费 | ∑(人工费) |
| 4.2 | | 施工机具使用费 | ∑(施工机具使用费) |
| 5 | | 规费 | (1.1+1.2+2.1+2.2+4.1+4.2)×费率 |
| 6 | | 税金 | (1+2+3+4+5)×费率 |
| 7 | | 含税工程造价 | 1+2+3+4+5+6 |

### 4.3.9 定额计价

1. 说明

(1) 定额计价是以湖北省基价表中的人工费、材料费（含未计价材，下同）、施工机具使用费为基础，依据本定额计算工程所需的全部费用，包括人工费、材料费、施工机具使用费、企业管理费、利润、规费和税金。

(2) 材料市场价格是指发、承包人双方认定的价格，也可以是当地建设工程造价管理机构发布的市场信息价格。双方应在相关文件上约定。

(3) 人工发布价、材料市场价格、机械台班价格进入定额基价。

（4）包工不包料工程、计时工按定额计算出的人工费的 25％ 计取综合费用。费用包括总价措施项目费、管理费、利润和规费。施工用的特殊工具，如手推车等，由发包人解决。综合费用中不包括税金，由总包单位统一支付。

（5）施工过程中发生的索赔与现场签证费用，发承包双方办理竣工结算时：

以实物量形式表示的索赔与现场签证，按基价表（或单位估价表）金额，计算总价措施项目费、企业管理费、利润、规费和税金。

以费用形式表示的索赔与现场签证，列入不含税工程造价，另有说明的除外。

（6）由发包人供应的材料，按当期信息价进入定额基价，按计价程序计取各项费用及税金。支付工程价款时扣除下列费用：

$$费用 = \sum（当期信息价 \times 发包人提供的材料数量）$$

（7）二次搬运费按施工组织设计计取，计入总价措施项目费。

2. 计算程序

| 序号 | 费用项目 | | 计算方法 |
| --- | --- | --- | --- |
| 1 | 分部分项工程费 | | 1.1＋1.2＋1.3 |
| 1.1 | 其中 | 人工费 | Σ（人工费） |
| 1.2 | | 材料费 | Σ（材料费） |
| 1.3 | | 施工机具使用费 | Σ（施工机具使用费） |
| 2 | 措施项目费 | | 2.1＋2.2 |
| 2.1 | 单价措施项目费 | | 2.1.1＋2.1.2＋2.1.3 |
| 2.1.1 | 其中 | 人工费 | Σ（人工费） |
| 2.1.2 | | 材料费 | Σ（材料费） |
| 2.1.3 | | 施工机具使用费 | Σ（施工机具使用费） |
| 2.2 | 总价措施项目费 | | 2.2.1＋2.2.2 |
| 2.2.1 | 其中 | 安全文明施工费 | (1.1＋1.3＋2.1.1＋2.1.3)×费率 |
| 2.2.2 | | 其他总价措施项目费 | (1.1＋1.3＋2.1.1＋2.1.3)×费率 |
| 3 | 总包服务费 | | 项目价值×费率 |
| 4 | 企业管理费 | | (1.1＋1.3＋2.1.1＋2.1.3)×费率 |
| 5 | 利润 | | (1.1＋1.3＋2.1.1＋2.1.3)×费率 |
| 6 | 规费 | | (1.1＋1.3＋2.1.1＋2.1.3)×费率 |
| 7 | 索赔与现场签证 | | 索赔与现场签证费用 |
| 8 | 不含税工程造价 | | 1＋2＋3＋4＋5＋6＋7 |
| 9 | 税金 | | 8×费率 |
| 10 | 含税工程造价 | | 8＋9 |

注：表中"索赔与现场签证"系指以费用形式表示的不含税费用。

【例 4-1】 某工程项目 12 层，建设地点位于湖北省某市内，经计算该项目建筑工程有关费用如下：

（1）分部分项工程费 1200 万元，其中人工费 240 万元，材料费 840 万元，施工机具使用费 120 万元；

(2)施工技术措施费 150 万元,其中人工费 25 万元;施工机具使用费 15 万元。

(3)总包服务费 60 万元。

试以 2013 年《湖北省建筑安装工程费用定额》为依据,采用定额计价,计算该项目建筑工程的含税工程造价。

**解** 依据 2013 年《湖北省建筑安装工程费用定额》,该项目建筑工程的含税工程造价如下:

| 序号 | 费用项目 | 计算方法 | 金额/万元 |
|---|---|---|---|
| 1 | 分部分项工程费 | 2+3+4 | 1200 |
| 2 | 其中:人工费 | | 240 |
| 3 | 材料费 | | 840 |
| 4 | 施工机具使用费 | | 120 |
| 5 | 单价措施项目费 | | 150 |
| 6 | 其中:人工费 | | 25 |
| 7 | 施工机具使用费 | | 15 |
| 8 | 总价措施费 | 8+9 | 55.72 |
| 9 | 其中:安全文明施工费 | (2+4+6+7)×13.28% | 53.12 |
| 10 | 其他总价措施项目费 | (2+4+6+7)×0.65% | 2.6 |
| 11 | 总包服务费 | | 60 |
| 12 | 企业管理费 | (2+4+6+7)×23.84% | 95.36 |
| 13 | 利润 | (2+4+6+7)×18.17% | 72.68 |
| 14 | 规费 | (2+4+6+7)×24.72% | 98.88 |
| 15 | 不含税工程造价 | 1+5+8+11+12+13+14 | 1732.64 |
| 16 | 税金 | 15×3.48% | 60.3 |
| 17 | 含税工程造价 | 15+16 | 1792.94 |

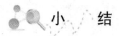

## 小 结

本章首先介绍了费用定额的概念、作用及编制原则;其次以《湖北省建筑安装工程费用定额》为例,重点介绍了湖北省建筑安装工程费用定额的组成及建安工程费用定额的应用,要求掌握建安工程费用定额在定额计价方式下的计价程序。

## 习 题

1. 建设工程费用定额的编制原则是什么?

2. 所在省的建安工程费用由哪些内容组成?

3. 直接费和直接工程费有什么区别? 间接费包括哪些内容?

4. 建筑安装工程费用总组成中的税金和企业管理费中的税金各包括哪些内容?

5. 某工程进行中, 建设单位要求施工单位对某一构件做破坏性试验, 以验证设计参数的正确性。问这项费用应归属于哪项费用中?

6. 给排水工程计费基础是什么? 其中的利润计费基础有哪些?

7. 在工程量清单计价和定额计价两种模式中建筑安装工程费用各由哪些内容组成?

# 第5章 其他定额

## 本章学习目标

1. 理解企业定额的概念、作用、编制原则。
2. 理解概算定额、概算指标、投资估算指标的概念、作用、编制原则及其组成内容。
3. 掌握概算指标的应用。
4. 了解工期定额的概念、编制原则及工期定额的组成内容。

## 5.1 企业定额

近年来，随着《招标投标法》、《建设工程工程量清单计价规范》的先后颁布实施，我国建设工程计价模式由原来的"政府统一价格"向"控制量、指导价、竞争费"方向转变，并最终达到"政府宏观调控、企业自主报价、市场形成价格、政府全面监督"的改革目标。建设施工企业为适应工程计价的改革，就必须更新观念，适应环境，以市场价格为依据形成建筑产品价格，按照市场经济规律建立符合企业自身实际情况和管理要素的有效价格体系，而这个价格体系中的重要内容之一就是"企业定额"。

### 5.1.1 企业定额的概念

企业定额是企业根据自身的经营范围、技术水平和管理水平，在一定时期内完成单位合格产品所必需的人工、材料、施工机械的消耗量以及其他生产经营要素消耗的数量标准。

建筑产品价格与工程量、计价基础之间存在着密切关系。当工程量已定，那么决定建筑产品价格的重要因素就是计价基础——定额或标准。

预算定额是按社会必要劳动量原则确定了生产要素的消耗量，取定了定额的"量"；由于这种"量"是按社会平均水平确定的，故它决定了完成单位合格产品的生产要素消耗量是一个社会平均消耗。在这种情况下，它对企业来说仅为参考定额。即使人工、材料、机械台班的价格在市场要求非常到位的情况下，其所确定的建筑产品价格，也只是代表企业平均水平的社会生产价格。这种价格，用于投标报价，就等于让建筑产品的每一次具体交换，都使其价格与社会生产价格相符。它不仅淡化了价格机制在建筑市场中的调节作用，而且还因价格触角缺乏灵敏度而导致企业按市场机制运作能力的退化，不利于企业的发展。它是一种具有广泛用途的基础性计价定额。

企业定额是按建筑企业自身的生产消耗水平、施工对象和组织管理水平等特点，来确定定额的"量"，由市场实际和企业自身采购渠道来确定与"量"对应的人工单价、材料价格和机械台班价格。这样就可以保证施工企业按个别成本自主报价，符合了市场经济的要求。企业定额是企业内部使用的定额，反映的是企业施工生产与生产消费的数量关系，不仅能体现企业个别的劳动生产率和技术生产装备水平，同时也是衡量企业管理水平的标尺，是企业加强集约经营、精细管理的前提和主要手段，是按社会平均先进水平编制的生产性定额。

### 5.1.2　企业定额的作用

企业定额作为企业内部生产管理的标准文件，是建筑施工企业生产经营活动的基础，是组织和指挥生产的有效工具。

#### 1. 企业定额在工程量清单计价中的作用

2003年建设部发布了《建设工程工程量清单计价规范》，它是建设工程在招标投标工作中，由招标人按照《清单计价规范》中统一的工程量计算规则提供工程量清单，由投标人对各项工程量清单计价自主报价，经评审合理报价的企业为中标企业的工程造价计价模式。因此，工程量清单计价为企业在工程投标报价中进行自主报价提供了相对自由宽松的环境，在这种环境下，企业定额是企业投标时自主报价的基础和主要依据。

#### 2. 企业定额在合理低价中标中的作用

在工程招标投标活动中，采用合理低价中标法选择承包方占的比重很大。评标中规定：除承办方资信、施工方案满足招标工程要求外，工程投标报价将作为主要竞争内容，应选择合理低价的单位为中标单位。

企业在参加投标时，首先根据企业定额进行工程承包预测，通过优化施工组织设计和高效的管理，将竞争费用中的工程成本降到最低，从而确定工程最低成本价；其次依据测定的最低成本价，结合企业内外部客观条件、所获得的利润等报出企业能够承受的合理最低价。以企业定额为基础参与低价中标的投标活动，可避免盲目降价导致报价低于工程成本继而中标后发生成本亏损现象。

#### 3. 企业定额在企业管理中的作用

施工企业项目成本管理是指施工企业对项目发生的实际成本通过预测、计划、核算、分析、考核等一系列活动，在满足工程质量和工期的条件下采取有效的措施，不断降低成本，达到成本控制的预期目标。目前许多施工企业实现了项目经理责任制，因此企业定额就成为实现项目成本管理目标的基础和依据。

在企业日常管理中，以企业定额为基础，通过对项目成本预测、过程控制和目标考核的实施，可以核算实际成本与计划成本的差额，分析原因，总结经验，不断促进和提升企业的总体管理水平。

从本质上讲，企业定额是企业综合实力和生产、工作效率的综合反映。企业综合效率的不断增长，还依赖于企业营销与管理艺术和技术的不断进步，反过来又会推动企业定额水平的不断提高，形成良好循环，企业的综合实力也会不断地发展和进步。

#### 4. 企业定额有利于建筑市场健康和谐发展

施工企业的经营活动应通过项目的承建，谋求质量、工期、信誉的最优化。唯有如此，企业才能走向良性循环的发展道路，建筑业也才能走向可持续发展的道路。企业定额的应用，促进企业在市场竞争中按实际消耗水平报价。这就避免了施工企业为了在竞标中取胜，无节制的压价、降价，造成企业效率低下、生产亏损、发展滞后现象的发生，也避免了业主在招标中滋生腐败的行为。在我国现阶段建筑业由计划经济向市场经济转变的时期，企业定额编制和使用一定会对规范发包、承包行为，对建筑业的可持续发展，产生深远和重大的影响。

### 5.1.3　企业定额的组成

从内容构成上讲，企业定额一般应由工程实体消耗定额、措施性消耗定额、施工费用定额、企业工期定额等构成。

### 1. 工程实体消耗定额

工程实体消耗定额，即构成工程实体的分部分项工程的工、料、机的定额消耗量。实体消耗量就是构成工程实体的人工、材料、机械的消耗量。其中人工消耗量要根据企业工程的操作水平确定；材料消耗量不仅包括施工过程中的净消耗量，还应包括施工损耗；机械消耗量应考虑机械的损耗率。

### 2. 措施性消耗定额

措施性消耗定额，即是指定额分项工程项目内容以外，为保证工程项目施工，发生于该工程施工前和施工过程中非工程实体项目的消耗量或费用开支。措施性消耗量是指为了保证工程组成施工所采用的措施消耗、配置与周转，脚手架等的合理使用与搭拆，各种机械设备的合理配置等措施性项目。

### 3. 施工费用定额

施工费用定额，即由某一自变量为计算基础的，反映专项费用企业必要劳动量水平的百分率或标准。它一般由计费规则、计价程序、取费标准及相关说明等组成。各种取费标准，是为施工准备、组织施工生产和管理所需的各项费用标准，如企业管理人员的工资、保险费、办公费、财务经费等，同时也包括利润与按规定计算的规费和税金。

### 4. 企业工期定额

企业工期定额，即由施工企业根据以往完成工程的实际积累，参考全国统一工期定额制定的工程项目施工消耗的时间标准。它一般由民用建筑工程、工业建筑工程、其他建筑工程、分包工程工期定额及相关说明组成。

#### 5.1.4　企业定额的编制原则

### 1. 先进性原则

企业定额水平反映的是一定的生产经营范围内、在特定的管理模式和正常的施工条件下，某一施工企业的项目管理部经合理组织、科学安排后，生产者经过努力能够达到和超过的水平。这种水平既要在技术上先进，又要在经济上合理可行，是一种可以鼓励中间、鞭策落后的定额水平，这种定额水平的制定将有利于企业降低人工、材料、机械的消耗，有利于提高企业管理水平和获取最大的利益，而且，还能够正确地反映比较先进的施工技术和施工管理水平，以促进新技术、新材料、新工艺在施工企业中的不断推广应用和施工管理的日益完善。同时企业定额还应包括传统预算定额中包含的合理的幅度差等可变因素，其总体水平应超过或高于社会平均消耗水平。

### 2. 适用性原则

企业定额作为企业投标报价和工程项目成本管理的依据，在编制企业定额时，应根据企业的经营范围、管理水平、技术实力等合理地进行定额的选项及其内容的确定。在编制选项思路上，应与国家标准《建设工程工程量清单计价规范》中的项目编码、项目名称、计量单位等保持一致和衔接，这样既有利于满足清单模式下报价组价的需要，也有利于借助国家规范尽快建立自己的定额标准，更有利于企业个别成本与社会平均成本的比较分析。对影响工程造价主要的、常用的项目，在选项上应比传统预算定额详尽具体。对一些次要的、价值小的项目在确保定额通用性的同时尽量综合，便于以后定额的日常管理。适用性原则还体现在企业定额项目设置应简便明了、便于使用，同时满足项目劳动分工、项目成本核算和企业内部经济责任考核等方面的需求。

### 3. 量价分离的原则

企业定额中形成工程实体的项目实行固定量、浮动价和规定费的动态管理计价方式。企业定额中的消耗量在一定条件下是相对固定的，但不是绝对永恒。企业发展的不同阶段企业定额中有不同的定额消耗量与之相适应，同时企业定额中的人工、材料、机械台班价格以当期市场价格计入；组织措施费根据企业内部有关费用的相关规定、具体施工组织设计及现场发生的相关费用进行确定；技术措施性费用项目应以固定量、不计价的不完全价格形式表现，这类项目在具体工程项目中可根据工程的不同特点和具体施工方案，确定一次投入量和试用期进行计价。

### 4. 独立自主的原则

施工企业作为具有独立法人地位的经济实体，应根据企业的实际情况，结合政府的价格政策和产业导向，根据企业的运行体制和管理环境等独立自主地确定定额水平，划分定额项目，补充新的定额子目。在推行工程量清单计价的环境下，应注意在计算规则、项目划分和计量单位等方面与国家相关规定保持衔接。

### 5. 快捷性原则

定额数据种类广、数据量大，在编制过程中应充分利用计算机技术的实时响应、存储量大、计算准确快捷等优势，完成原始数据资料的收集、整理、分析及后期数据的合成、更新等任务。

### 6. 动态性原则

当前建筑市场新材料、新工艺层出不穷，施工机具及人工市场变化也日新月异，同时，企业作为独立的法人盈利实体，其自身的技术水平在逐步提高，生产工艺在不断改进，企业的管理水平也在不断提升。所以企业定额应与企业实时的技术水平、管理水平和价格管理体系保持同步，应当随着企业的发展而不断得到补充和完善。

### 5.1.5　企业定额的编制方法

#### 1. 现场观察测定法

现场观察测定法以研究工时消耗为对象，以观察测时为手段，通过密集抽样和粗放抽样等技术直接的时间研究，确定定额人工、材料、机械消耗水平。这种方法以研究消耗量为对象、观察测定为手段，深入施工现场，在项目相关人员的配合下，通过分析研究，获得该工程施工过程中的技术组织措施和人工、材料、机械消耗量的基础资料，从而确定人工、材料、机械定额消耗水平。这种方法的特点是能够把现场工时消耗情况和施工组织条件联系起来加以观察、测时、计量和分析，以获得一定技术条件下工时消耗的基础资料。这种方法技术简便、应用面广、资料全面，适用于影响工程造价大的主要项目及新技术、新工艺、新施工方法的劳动力消耗和机械台班水平的确定。

#### 2. 经验统计法

经验统计法是运用抽样统计的方法，从以往类似工程的施工竣工结算资料和典型设计图纸资料及成本核算资料中抽取若干个项目的资料，进行分析、测算及定量的方法。运用这种方法，首先要建立一系列数学模型，对以往不同类型的样本工程项目成本降低情况进行统计、分析，然后得出同类型工程成本的平均值或是平均先进值。由于典型工程的经验数据权重不断增加，使其统计数据资料越来越完善、真实、可靠。此方法的特点是积累过程长，但统计分析细致，使用时简单易行，方便快捷。缺点是模型中考虑的因素有限，而工程实际情况则要复杂得多，对各种变化情况的需要不能一一适应，准确性也不够，因此这种方法对设计方案较规范的一般住宅民用建筑工程的常用项目的人、材、机消耗及管理费测定较适用。

3. 定额修正法

定额修正法是以已有的全国定额、行业定额为蓝本，按照工程预算的计算程序计算出造价，分析出成本，然后根据具体工程项目的施工图纸、现场条件和企业劳务、设备及材料储备状况，结合实际情况对定额水平进行调增或调减，从而确定工程实际成本。在大部分施工单位企业定额尚未建立的今天，采用这种定额换算的方法建立企业定额，不失为一条捷径。这种方法在假设条件下，把变化的条件罗列出来进行适当的增减，既比较简单易行，又相对准确，是补充企业一般工程项目人、材、机和管理费标准的较好方法之一，不过这种方法制定的定额水平要在实践中得到检验和完善。在实际编制企业定额的过程中，对一些企业实际施工水平与传统定额所反映的平均水平相近项目，也可采用该方法，结合企业现状对传统定额进行调增或调减。

4. 理论计算法

理论计算法是根据施工图纸、施工规范及材料规格，用理论计算的方法求出定额中的理论消耗量，将理论消耗量加上合理的损耗，得出定额实际消耗的水平。实际的损耗量需要经过现场实际统计测算才能得出，所以理论计算法在编制定额时不能独立使用，只有与统计分析法（用来测算损耗率）相结合才能共同完成定额子目的编制。所以，理论计算法编制施工定额有一定的局限性。但这种方法也可以节约大量的人力、物力和时间。

以上四种方法各有优缺点，它们不是绝对独立的，实际工作过程中可以结合起来使用，互为补充、互为验证。企业应根据实际需要，确定适合自己的方法体系。

5. 造价软件法

造价软件法是使用计算机编制和维护企业定额的方法。由于计算机具有运行速度快、计算准确、能对工程造价和资料进行动态管理的优点，因此我们不仅可以利用工程造价软件和有关的数字建筑网站，快速准确地计算工程量、工程造价，而且能够查出各地的人工、材料价格，还能够通过企业长期的工程资料的积累形成企业定额。条件不成熟的企业可以考虑在保证数据安全的情况下与专业公司签订协议进行合作开发或委托开发。

## 5.2　概算定额、概算指标和投资估算指标

### 5.2.1　概算定额

1. 概算定额的概念

概算定额，是在预算定额的基础上，确定完成合格的单位扩大分项工程或单位扩大结构构件所需消耗的人工、材料和机械台班的数量标准，所以概算定额又称作扩大结构定额。

概算定额是预算定额的综合和扩大，它将预算定额中有联系的若干个分项工程项目综合为一个概算定额项目。如砖基础概算定额项目，就是以砖基础为主，综合了平整场地、挖地槽、铺设垫层、砌砖基础、铺设防潮层、回填土及运土等预算定额中的分项工程项目。

概算定额与预算定额的相同之处在于，它们都是以建筑物各个结构部分和分部分项工程为单位表示的，内容也包括人工、材料和机械台班消耗量定额三个基本部分，并列有基准

价。概算定额表达的主要内容、主要方式及基本使用方法都与预算定额相近。

概算定额与预算定额的不同之处，在于项目划分和综合扩大程度上的差异，同时，概算定额主要用于设计概算的编制。由于概算定额综合了若干分项工程的预算定额，因此使概算工程量计算和概算表的编制，都比编制施工图预算简化一些。

2. 概算定额的分类

概算定额可根据专业性质不同进行分类，如图 5-1 所示。

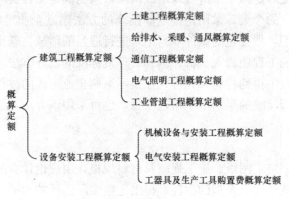

图 5-1　概算定额分类

3. 概算定额的作用

概算定额主要作用如下：

（1）是初步设计阶段编制概算、扩大初步设计阶段编制修正概算的主要依据。

（2）是对设计项目进行技术经济分析比较的基础资料之一。

（3）是建设工程主要材料计划编制的依据。

（4）是控制施工图预算的依据。

（5）是施工企业在准备施工期间，编制施工组织总设计或总规划时，对生产要素提出需要量计划的依据。

（6）是工程结束后，进行竣工决算和评价的依据。

（7）是编制概算指标的依据。

4. 概算定额的编制原则

概算定额应该贯彻社会平均水平和简明适用的原则。由于概算定额和预算定额都是工程计价的依据，所以应符合价值规律和反映现阶段大多数企业的设计、生产及施工管理水平。但在概预算定额水平之间应保留必要的幅度差。概算定额的内容和深度是以预算定额为基础的综合和扩大，在合并中不得遗漏或增加项目，以保证其严密和正确性。概算定额务必做到简化、准确和适用。

5. 概算定额的编制步骤

概算定额的编制一般分三阶段进行，即准备阶段、编制初稿阶段和审查定稿阶段。

（1）准备阶段。该阶段主要是确定编制机构和人员组成，进行调查研究，了解现行概算定额执行情况和存在问题，明确编制的目的，制定概算定额的编制方案和确定概算定额的项目。

（2）编制初稿阶段。该阶段是根据已经确定的编制方案和概算定额项目，收集和整理各种编制依据，对各种资料进行深入细致的测算和分析，确定人工、材料和机械台班的消耗量指标，最后编制概算定额初稿。概算定额水平与预算定额水平之间应有一定的幅度差，幅度差一般在 5% 以内。

（3）审查定稿阶段。该阶段的主要工作是测算概算定额水平，即测算新编制概算定额与原概算定额及现行预算定额之间的水平。既要分项进行测算，又要通过编制单位工程概算以单位工程为对象进行综合测算。

概算定额经测算比较后，可报送国家授权机关审批。

6. 概算定额手册的内容

按专业特点和地区特点编制的概算定额手册，内容基本上是由文字说明、定额项目表和附录三个部分组成。

（1）概算定额的内容与形式。

1）文字说明部分。文字说明部分又包括总说明和分部工程说明。在总说明中，主要阐述概算定额的编制依据、使用范围、包括的内容及作用、应遵守的规则及建筑面积计算规则等。分部工程说明主要阐述本分部工程包括的综合工作内容及分部分项工程的工程量计算规则等。

2）定额项目表。主要包括以下内容：

①定额项目的划分。概算定额项目一般按以下两种方法划分：一是按工程结构划分，一般按土石方、基础墙、梁板柱、门窗、楼地面、屋面、装饰、构筑物等工程结构划分。二是按工程部位划分，一般是按基础、墙体、梁柱、楼地面、屋盖、其他工程部位等划分，如基础工程中包括了砖、石、混凝土基础等项目。

②定额项目表。定额项目表是概算定额手册的主要内容，由若干分节定额组成。各节定额由工程内容、定额表及附注说明组成。定额表中列有定额编号、计量单位、概算价格、人工、材料、机械台班消耗量，综合了预算定额的若干项目与数量。表 5-1 以建筑工程概算定额为例说明。

表 5-1　　　　　　　　现浇钢筋混凝土柱概算定额表

工程内容：模板制作、安装、拆除钢筋制作、安装，混凝土浇捣、抹灰、刷浆　　　　　单位：10m³

| 概算定额编号 | | | | 4—3 | | 4—4 | |
|---|---|---|---|---|---|---|---|
| 项　目 | | 单位 | 单价/元 | 矩　形　柱 | | | |
| | | | | 周长 1.8m 以内 | | 周长 1.8m 以外 | |
| | | | | 数量 | 合价 | 数量 | 合价 |
| 基准价 | | 元 | | 13 428.76 | | 12 947.26 | |
| 其中 | 人工费 | 元 | | 2116.40 | | 1728.76 | |
| | 材料费 | 元 | | 10 272.03 | | 10 361.83 | |
| | 机械费 | 元 | | 1040.33 | | 856.67 | |
| 合计工 | | 工日 | 22 | 96.20 | 2116.40 | 78.58 | 1728.76 |

| 概算定额编号 | | | | 4—3 | | 4—4 | |
|---|---|---|---|---|---|---|---|
| 项　目 | | 单位 | 单价/元 | 矩　形　柱 | | | |
| | | | | 周长 1.8m 以内 | | 周长 1.8m 以外 | |
| | | | | 数量 | 合价 | 数量 | 合价 |
| 材料 | 中（粗）砂（天然） | t | 35.81 | 9.494 | 339.98 | 8.817 | 315.74 |
| | 碎石 5～20mm | t | 36.18 | 12.207 | 441.65 | 12.207 | 441.65 |
| | 石灰膏 | m³ | 98.89 | 0.221 | 20.75 | 0.155 | 14.55 |
| | 普通木成材 | m³ | 1000.00 | 0.302 | 302.00 | 0.187 | 187.00 |
| | 圆钢（钢筋） | t | 3000.00 | 2.188 | 6564.00 | 2.407 | 7221.00 |
| | 组合钢模板 | kg | 4.00 | 64.416 | 257.66 | 39.848 | 159.39 |
| | 钢支撑（钢管） | kg | 4.85 | 34.165 | 165.70 | 21.134 | 102.50 |
| | 零星卡具 | kg | 4.00 | 33.954 | 135.82 | 21.004 | 84.02 |
| | 铁钉 | kg | 5.96 | 3.091 | 18.42 | 1.912 | 11.40 |
| | 镀锌铁丝 22 号 | kg | 8.07 | 8.368 | 67.53 | 9.206 | 74.29 |
| | 电焊条 | kg | 7.84 | 15.644 | 122.65 | 17.212 | 134.94 |
| | 803 涂料 | kg | 1.45 | 22.901 | 33.21 | 16.038 | 23.26 |
| | 水 | m³ | 0.99 | 12.700 | 12.57 | 12.300 | 12.21 |
| | 水泥 325 | kg | 0.25 | 664.459 | 166.11 | 517.117 | 129.28 |
| | 水泥 525 | kg | 0.30 | 4141.200 | 1242.36 | 4141.200 | 1242.36 |
| | 脚手架 | 元 | | | 196.00 | | 90.60 |
| | 其他材料费 | 元 | | | 185.62 | | 117.64 |
| 机械 | 垂直运输费 | 元 | | | 628.00 | | 510.00 |
| | 其他机械费 | 元 | | | 412.33 | | 346.67 |

（2）概算定额应用规则。

1）符合概算定额规定的应用范围。

2）工程内容、计量单位及综合程度应与概算定额一致。

3）必要的调整和换算应严格按定额的文字说明和附录进行。

4）避免重复计算和漏项。

5）参考预算定额的应用规则。

### 5.2.2　概算指标

1. 概算指标的概念

建筑安装工程概算指标通常是以整个建筑物和构筑物为对象，以建筑面积、体积或成套设备装置的台或组为计量单位而规定的人工、材料、机械台班的消耗量标准和造价指标。

建筑安装工程概算指标与概算定额的主要区别如下：

（1）确定各种消耗量指标的对象不同。概算指标是以整个建筑物（如 100m² 或 1000m³

建筑物）和构筑物为对象，概算定额则是以单位扩大分项工程或单位扩大结构构件为对象。因此，概算指标比概算定额更加综合与扩大。

（2）确定各种消耗量指标的依据不同。概算定额以现行预算定额为基础，通过计算之后才综合确定出各种消耗量指标，而概算指标中各种消耗量指标的确定，则主要来自各种预算或结算资料。

2. 概算指标的作用

概算指标和概算定额、预算定额一样，都是与各个设计阶段相适应的多次性计价的产物，它主要用于投资估算、初步设计阶段，其作用主要有：

（1）概算指标可以作为编制投资估算的参考。

（2）概算指标中的主要材料指标可以作为估算主要材料用量的依据。

（3）概算指标是设计单位进行设计方案比较、建设单位选址的一种依据。

（4）概算指标是编制固定资产投资计划，确定投资额和主要材料计划的主要依据。

3. 概算指标的分类

概算指标可以分为两大类——建筑工程概算指标和安装工程概算指标，如图 5-2 所示。

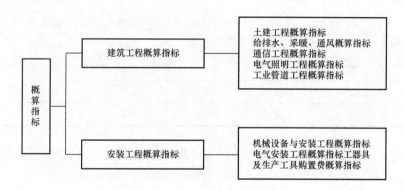

图 5-2　概算指标的分类

4. 概算指标的组成内容与表现形式

（1）概算指标的组成内容。概算指标的组成内容一般分为文字说明和列表两部分，以及必要的附录。

1）总说明和分册说明。其内容一般包括概算指标的编制范围、编制依据、分册情况、指标包括的内容、指标未包括的内容、指标的使用方法、指标允许调整的范围及调整方法等。

2）列表。建筑工程的列表形式、房屋建筑、构筑物的列表一般是以建筑面积、建筑体积、"座"、"个"等为计量单位，附以必要的示意图，示意图画出建筑物的轮廓示意或单线平面图，列出综合指标：元/100m² 或元/1000m³，自然条件（如地耐力、地震烈度等），建筑物的类型、结构形式及各部位中结构主要特点，主要工程量；安装工程的列表形式，设备以 "t" 或 "台" 为计算单位，也可以以设备购置费或设备原价的百分比（%）表示；工艺管道一般以 "t" 为计算单位；通信电话站安装以 "站" 为计算单位。列出指标编号、项目名称、规格、综合指标（元/计算单位）之后一般还要列出其中的人工费，必要时还要列出主要材料费、辅材费。

总体来讲，建筑工程列表形式分为以下几个部分：

①示意图。表面工程的结构、工业项目，还表示出起重机及起重能力等。

②工程特征。对采暖工程应列出采暖热媒及采暖形式；对电气照明工程特征可列出建筑层数、结构类型、配线方式、灯具名称等；对房屋建筑工程特征，主要对工程的结构形式、层高、层数和建筑面积进行说明，见表5-2。

表5-2　　　　　　　　　　　　　内浇外砌住宅结构特征

| 结构类型 | 层数 | 层高 | 檐高 | 建筑面积 |
|---|---|---|---|---|
| 内浇外砌 | 六层 | 2.8m | 17.7m | 4206m$^2$ |

③经济指标。说明该项目每100m$^2$，每座的造价指标及其中土建、水暖和电照等单位工程的相应造价，见表5-3。

表5-3　　　　　　　　　　　　　内浇外砌住宅经济指标

| 项　　目 | | 合计 | 费用/元 | | | |
|---|---|---|---|---|---|---|
| | | | 直接费 | 间接费 | 利润 | 税金 |
| 单方造价 | | 30 422 | 21 860 | 5576 | 1893 | 1093 |
| 其中 | 土建 | 26 133 | 18 778 | 4790 | 1626 | 939 |
| | 水暖 | 2565 | 1843 | 470 | 160 | 92 |
| | 电照 | 614 | 1239 | 316 | 107 | 62 |

④构造内容及工程量指标。说明该工程项目的构造内容和相应计算单位的工程量指标及人工、材料消耗指标，见表5-4和表5-5。

表5-4　　　　　　　　内浇外砌住宅构造内容及工程量指标　　　　　　　100m$^2$ 建筑面积

| 序号 | 构　造　特　征 | | 工程量 | |
|---|---|---|---|---|
| | | | 单位 | 数量 |
| 一、土建 | | | | |
| 1 | 基础 | 灌注桩 | m$^3$ | 14.64 |
| 2 | 外墙 | 二砖墙、清水墙勾缝、内墙抹灰刷白 | m$^3$ | 24.32 |
| 3 | 内墙 | 混凝土墙、一砖墙、抹灰刷白 | m$^3$ | 22.70 |
| 4 | 柱 | 混凝土柱 | m$^3$ | 0.70 |
| 5 | 地面 | 碎砖垫层、水泥砂浆面层 | m$^2$ | 13 |
| 6 | 楼面 | 120mm预制空心板、水泥砂浆面层 | m$^2$ | 65 |
| 7 | 门窗 | 木门窗 | m$^2$ | 62 |
| 8 | 屋面 | 预制空心板、水泥珍珠岩保温、三毡四油卷材防水 | m$^2$ | 21.7 |
| 9 | 脚手架 | 综合脚手架 | m$^2$ | 100 |

续表

| 序号 | 构 造 特 征 | | 工程量 | |
|---|---|---|---|---|
| | | | 单位 | 数量 |
| 二、水暖 | | | | |
| 1 | 采暖方式 | 集中采暖 | | |
| 2 | 给水性质 | 生活给水明设 | | |
| 3 | 排水性质 | 生活排水 | | |
| 4 | 通风方式 | 自然通风 | | |
| 三、电照 | | | | |
| 1 | 配电方式 | 塑料管暗配电线 | | |
| 2 | 灯具种类 | 日光灯 | | |
| 3 | 用电量 | | | |

表 5 - 5　　　　内浇外砌住宅人工及主要材料消耗指标　　　　100m² 建筑面积

| 序号 | 名称与规格 | 单位 | 数量 | 序号 | 名称及数量 | 单位 | 数量 |
|---|---|---|---|---|---|---|---|
| 一、土建 | | | | 二、水暖 | | | |
| 1 | 人工 | 工日 | 506 | 1 | 人工 | 工日 | 39 |
| 2 | 钢筋 | t | 3.25 | 2 | 钢管 | t | 0.18 |
| 3 | 型钢 | t | 0.13 | 3 | 暖气片 | m² | 20 |
| 4 | 水泥 | t | 18.10 | 4 | 卫生器具 | 套 | 2.35 |
| 5 | 白灰 | t | 2.10 | 5 | 水表 | 个 | 1.84 |
| 6 | 沥青 | t | 0.29 | 三、电照 | | | |
| 7 | 红砖 | 千块 | 15.10 | 1 | 人工 | 工日 | 20 |
| 8 | 木材 | m³ | 4.10 | 2 | 电线 | m | 283 |
| 9 | 砂 | m³ | 41 | 3 | 钢管 | t | 0.04 |
| 10 | 砾石 | m³ | 30.5 | 4 | 灯具 | 套 | 8.43 |
| 11 | 玻璃 | m² | 29.2 | 5 | 电表 | 个 | 1.84 |
| 12 | 卷材 | m² | 80.8 | 6 | 配电箱 | 套 | 6.1 |
| | | | | 四、机械使用费 | | % | 7.5 |
| | | | | 五、其他材料费 | | % | 19.57 |

(2) 概算指标的表现形式。概算指标在具体内容的表示方法上，分综合指标和单项指标两种形式。

1) 综合概算指标。综合概算指标是按照工业或民用建筑及其结构类型而制定的概算指标。综合概算指标的概括性较大，其准确性、针对性不如单项指标。

2) 单项概算指标。单项概算指标是指为某种建筑物或构筑物而编制的概算指标。单项概算指标的针对性较强，故指标中对工程结构形式要作介绍。只要工程项目的结构形式及工程内容与单项指标中的工程概况相吻合，编制出的设计概算就比较准确。

5. 概算指标的应用

（1）拟建工程结构特征与概算指标相同时的计算。在使用概算指标法时，如果拟建工程在建设地点、结构特征、地质及自然条件、建筑面积等方面与概算指标相同或相近，就可直接套用概算指标编制概算。

（2）建工程结构特征与概算指标有局部差异时的调整。由于拟建工程往往与类似工程的概算指标的技术条件、结构特征不尽相同，而且拟建工程所用的人、材、机等的价格与概算指标编制年份的价格也会不同，因此必须对概算指标进行调整后方可套用。调整方法如下所述。

1）调整概算指标中的每 $1m^2$（$1m^3$）造价。

$$结构变化修正概算指标（元/m^2）＝J＋Q_1P_1－Q_2P_2$$

式中　$J$——原概算指标；

　　　$Q_1$——概算指标中换入结构的工程量；

　　　$Q_2$——概算指标中换出结构的工程量；

　　　$P_1$——概算指标中换入结构的直接工程费单价；

　　　$P_2$——概算指标中换出结构的直接工程费单价。

则拟建单位工程的直接工程费为：

$$直接工程费＝修正后的概算指标×拟建工程建筑面积（或体积）$$

2）调整概算指标中的工、料、机数量。

结构变化修正概算指标的工、料、机数量＝原概算指标的工、料、机数量＋换入结构构件工程量×相应定额工、料、机消耗量－换出结构构件工程量×相应定额工、料、机消耗量

以上两种方法，前者是直接修正概算指标单价，后者是修正概算指标中的工、料、机数量。

**【例 5-1】**　某市一栋办公楼为框架结构建筑面积 $4000m^2$，建筑工程直接工程费为 400 元/$m^2$，其中毛石基础为 40 元/$m^2$，现拟建一栋办公楼 $3000m^2$，采用钢筋混凝土结构，带形基础造价为 55 元/$m^2$，其他结构相同，求该拟建新办公楼建筑工程直接工程费。

**解**　调整后的概算指标＝400－40＋55＝415（元/$m^2$）

拟建新办公楼建筑工程直接工程费＝3000×415＝1 245 000（元）

### 5.2.3　投资估算指标

1. 投资估算指标的概念

投资估算指标是以独立的建设项目、单项工程或单位工程为对象，综合项目全过程投资和建设中各类成本和费用，反映出其扩大的技术经济指标。投资估算是编制和确定项目建议书和可行性研究报告投资估算的基础和依据，它既是定额的一种表现形式，但又不同于其他的计价定额。投资估算作为项目前期投资评估服务的一种扩大的技术经济指标，具有较强的综合性、概括性。

2. 投资估算指标的作用

（1）投资估算指标在编制项目建议书和可行性研究报告阶段，它是正确编制投资估算，合理确定项目投资额，进行正确的项目投资决策的重要基础。

（2）投资估算指标是投资决策阶段，计算建设项目主要材料需用量的基础。

（3）投资估算指标是编制固定资产长远规划投资额的参考依据。

（4）投资估算指标在项目实施阶段，是限额设计和控制工程造价的依据。

**3. 投资估算指标的编制原则**

由于投资估算指标属于项目建设前期进行估算投资的技术经济指标，它不但要反映实施阶段的静态投资，还必须反映项目建设前期和交付试用期内发生的动态投资，也即以投资估算指标为依据编制的投资估算，包含项目建设的全部投资额。这就要求投资估算指标比其他各种计价定额具有更大的综合性和概括性。因此，投资估算指标的编制工作，除应遵循一般定额的编制原则外，还必须坚持以下原则：

（1）投资估算指标项目的确定，应考虑以后几年编制建设项目建议书和可行性研究报告投资估算的需要。

（2）投资估算指标的分类、项目划分、项目内容、表现形式等要结合各专业的特点，并且要与项目建议书、可行性研究报告的编制深度相适应。

（3）投资估算指标的编制内容，典型工程的选择，必须遵循国家的有关建设方针政策，符合国家技术发展方向，贯彻国家高科技政策和发展方向原则，使指标的编制既能反映现实的高科技成果，反映正常建设条件下的造价水平，也能适应今后若干年的科技发展水平。坚持技术上先进、可行和经济上的合理，力争以较少的投入取得最大的投资效益。

（4）投资估算指标的编制要反映不同行业、不同项目和不同工程的特点，投资估算指标要适应项目前期工作深度的需要，而且具有更大的综合性。投资估算指标要密切结合行业特点，项目建设的特定条件，在内容上既要贯彻指导性、准确性和可调性原则，又要有一定的深度和广度。

（5）投资估算指标的编制要贯彻静态和动态相结合的原则。要充分考虑到在市场经济条件下建设条件、实施时间、建设期限等因素的不同，考虑到建设期的动态因素，即价格、建设期利息、固定资产投资方向调节税及涉外工程的汇率等因素的变动导致指标的量差、价差、利息差、费用差等"动态"因素对投资估算的影响，对上述动态因素给予必要的调整办法和调整参数，尽可能减少这些动态因素对投资估算准确度的影响，使指标具有较强的实用性和可操作性。

**4. 投资估算指标的内容**

投资估算指标是确定和控制建设项目全过程各项投资支出的技术经济指标，其范围涉及建设前期、建设实施期和竣工验收交付使用期等各个阶段的费用支出，内容因行业不同而各异，一般可分为建设项目综合指标、单项工程指标和单位工程指标三个层次。

（1）建设项目综合指标。建设项目综合指标是按规定应列入建设项目总投资的从立项筹建开始至竣工验收交付使用的全部投资额，包括单项工程投资、工程建设其他费用和预备费等，其组成如图 5-3 所示。

建设项目综合指标一般以项目的综合生产能力单位投资表示，如元/t，

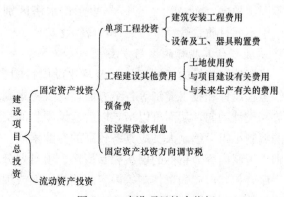

图 5-3　建设项目综合指标

元/kW。或以使用功能表示，如医院床位：元/床。

（2）单项工程指标。单项工程指标是指按规定应列入能独立发挥生产能力或使用效益的单项工程内的全部投资额，包括建筑工程费、安装工程费、设备、工器具及生产家具购置费和可能包含的其他费用。其组成如图 5-4 所示。

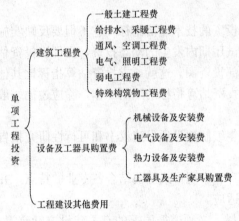

图 5-4　单项工程指标

单项工程一般划分原则如下：

1）主要生产设施。指直接参加生产产品的工程项目，包括生产车间或生产装置。

2）辅助生产设施。指为主要生产车间服务的工程项目。包括集中控制室、中央实验室、机修、电修、仪器仪表修理及木工（模）等车间，原材料、半成品、成品及危险品等仓库。

3）公用工程。包括给排水系统、供热系统、供电及通信系统以及热电站、热力站、煤气站、空压站、冷冻站、冷却塔和全厂管网等。

4）环境保护工程。包括废气、废渣、废水等处理和综合利用设施及全厂性绿化。

5）总图运输工程。包括厂区防洪、围墙大门、传达及收发室、汽车库、消防车库、厂区道路、桥涵、厂区码头及厂区大型土石方工程。

6）厂区服务设施。包括厂部办公室、厂区食堂、医务室、浴室、哺乳室、自行车棚等。

7）生活福利设施。包括职工医院、住宅、生活区食堂、俱乐部、托儿所、幼儿园、子弟学校、商业服务店以及与之配套的设施。

8）厂外工程。如水源工程，厂外输电、输水、排水、通信、输油等管线以及公路、铁路专用线等。

单项工程指标一般以单项工程生产能力单位投资，如"元/t"或其他单位表示。如，变配电站："元/(kV·A)"；供水站："元/m³"；办公室、仓库、宿舍、住宅等房屋则区别不同结构形式以"元/m²"表示。

（3）单位工程指标。单位工程指标按规定应列入能独立设计、施工的工程项目的费用，即建筑安装工程费用。建筑安装工程费包括直接费、间接费、利润和税金。

单位工程指标一般以如下方式表示：房屋区别不同结构形式以"元/m²"表示；道路区别不同结构层、面层以"元/m²"表示；水塔区别不同结构层、容积以"元/座"表示；管道区别不同材质、管径以"元/m"表示。

5. 投资估算指标的编制方法

投资估算指标的编制工作，涉及建设项目的产品规模、产品方案、工艺流程、设备选型、工程设计和技术经济等各个方面，既要考虑到现阶段技术状况，又要展望近期技术发展趋势和设计动向，从而可以指导以后建设项目的实践。投资估算指标的编制应当成立专业齐全的编制小组，编制人员应具备较高的专业素质。投资估算指标的编制应当制定一个从编制原则、编制内容、指标的层次相互衔接、项目划分、表现形式、计量单位、计算、复核、审查程序到相互应有的责任制等内容的编制方案或编制细则，以便编制工作有章可循。投资估算指标的编制一般分为三个阶段进行。

（1）收集整理资料阶段。收集整理已建成或正在建设的，符合现代技术政策和技术发展方向、有可能重复采用的、有代表性的工程设计施工图、标准设计以及相应的竣工决算或施工图预算资料等，这些资料是编制工作的基础，资料收集越广泛，反映出的问题越多，编制工作考虑就越全面，就越有利于提高投资估算指标的实用性和覆盖面。同时对调查收集到的资料要选择占投资比重大、相互关联多的项目进行认真分析整理。由于已建成或正在建设的工程的设计意图、建设时间和地点、资料的基础等不同，相互之间的差异很大，需要去粗取精、去伪存真地加以整理，才能重复利用。将整理后的数据资料按项目划分栏目加以归类，安装编制年度的现行定额、费用标准和价格，调整成编制年度的造价水平及相互比例。

（2）平衡调整阶段。由于调查收集的资料来源不同，虽然经过一定的分析整理，但难免会由于设计方案、建设条件和建设时间上的差异带来的某些影响，使数据失准或漏项等。必须对有关资料进行综合平衡调整。

（3）测算审查阶段。测算是将新编的指标和选定工程的概预算在同一价格条件下进行比较，检验其"量差"的偏离程度是否在允许偏差的范围之内，如偏差过大，则要查找原因，进行修正，以保证指标的确切、实用。测算同时也是对指标编制质量进行的一次系统检查，应由专人进行，以保持测算口径的统一，在此基础上组织有关专业人员全面审查定稿。

由于投资估算指标的编制计算工作量非常大，在现阶段计算机已经广泛普及的条件下，应尽可能应用电子计算机进行投资估算指标的编制工作。

## 5.3　工　期　定　额

### 5.3.1　工期定额的概念

工期定额是指在一定的经济和社会条件下，在一定时期内建设行政主管部门制定并发布的工程项目建设消耗的时间标准。工程质量、工程进度、工程造价师工程项目管理的三大目标，而工程进度的控制就必须依据工期定额，它是具体指导工程建设项目工期的法律文件。

工期定额是为各类工程项目规定的施工期限的定额天数，包括建设工期定额和施工工期定额两个层次。

1. 建设工期定额

建设工期定额一般指建设项目中构成固定资产的单项工程、单位工程从正式破土动工至按设计文件建成，能施工验收交付使用全过程所需要的时间标准。

2. 施工工期定额

施工工期定额是指单项工程从基础破土动工（或自然地坪打基础桩）起至完成建筑安装工程施工全部内容，并达到国家验收标准之日止的全过程所需的日历天数。工期定额以日历天数为计量单位，而不是有效工作天数，也不是法定工作天数。对不可抗力的因素造成工程停工，经承发包双方确认，可顺延工期，因重大设计变更或发包方原因造成停工，经承发包双方确认后，可顺延工期，因承包方原因造成停工，不得增加工期。具体开始施工的日期：

（1）没有桩基础的工程以正式破土挖槽为准。

（2）有桩基础的工程，以自然地坪打正式桩为准。

注意：以下情况不能算正式开工日期：

1）在单项工程正式开始施工以前的各项准备工作，如平整场地，地上地下障碍物的处理，定位放线等。

2）在自然地坪打试验桩、打护坡桩。

### 5.3.2　工期定额的作用

（1）工期定额是编制招标文件的依据。工期在招标文件中是主要内容之一，是业主对拟建工程时间上的期望值。而合理的工期是依据工期定额来确定的。

（2）工期定额是签订建筑安装工程施工合同、确定合理工期的基础。建设单位与施工安装单位双方在签订合同时可以是定额工期，也可以与定额工期不一致。因为确定工期的条件、施工方案不同都会影响工期。工期定额是按社会平均建设管理水平、施工装备水平和正常建设条件来制定的，它是确定合理工期的基础，合同工期一般围绕定额工期上下波动来确定。

（3）工期定额是施工企业编制施工组织设计，确定投标工期，安排施工进度的参考依据。

（4）工期定额是施工企业进行施工索赔的基础。

（5）工期定额是工程工期提前时，计算赶工措施费的基础。

### 5.3.3　工期定额的编制原则

1. 合理性与差异性原则

工期定额从有利于国家宏观调控，有利于市场竞争以及当前工程设计、施工和管理的实际出发，既要坚持定额水平的合理性，又要考虑各地区的自然条件等差异对工期的影响。

2. 地区类别划分的原则

由于我国幅员辽阔，各地自然条件差别较大，同类工程在不同地区的实物工程量和所采用的建筑机械设备等存在差异，所需的施工工期也就不同。为此新定额按各省省会所在地近十年的平均气温和最低气温，将全国划分为Ⅰ、Ⅱ、Ⅲ类地区。

Ⅰ类地区：省会所在地近十年平均气温15℃以上，最冷月平均气温在0℃以上，全年日平均气温等于（或小于）5℃的天数在90d以内的地区，如上海、湖北、湖南地区。

Ⅱ类地区：省会所在地近十年平均气温8～15℃以上，最冷月平均气温在－10～0℃以上，全年日平均气温等于（或小于）5℃的天数在90～150d以内的地区，如北京、天津地区。

Ⅲ类地区：省会所在地近十年平均气温8℃以下，最冷月平均气温在－11℃以下，全年日平均气温等于（或小于）5℃的天数在150d以内的地区，如内蒙古、辽宁地区。

3. 定额水平应遵循平均、先进、合理的原则

确定工期定额水平，应从正常的施工条件、多数施工企业装备程度、合理的施工组织、劳动组织和社会平均时间消耗水平的实际出发，又要考虑近年来设计、施工技术进步情况，确定合理工期。

4. 定额结构要做到简明适用

定额的编制要遵循社会主义市场经济原则，从有利于建立全国统一市场，有利于市场竞争出发，简明适用，规范建筑安装工程工期的计算。

### 5.3.4　工期定额编制的方法

1. 网络法

网络法，也称关键线路法（CPM），是运用网络技术，建立网络模型，揭示建设项目在

各种因素的影响下，建设过程中工程或工序之间相互连接、平行交叉的逻辑关系，通过优化确定合理的建设工期。

2. 评审技术法

对于不确定的因素较多、分项工程较复杂的工程项目，主要是根据实际经验，结合工程实际，估计某一项目最大可能完成时间，最乐观、最悲观可能完成时间，用经验公式求出建设工期，通过合理评审技术法，可以将一个非确定性的问题，转化为一个确定性的问题，达到了取得一合理工期的目的。

3. 曲线回归法

曲线回归法通过对单项工程的调查整理、分析处理，找出一个或几个与工程密切相关的参数与工期，建立平面直角坐标系，再把调查来的数据经过处理后反映在坐标系内，运用数学回归的原理，求出所需要的数据，用以确定建设工期。

4. 专家评估法

给工期预测的专家发调查表，用书面方式联系。根据专家的数据，进行综合、整理后，在匿名反馈给各专家，请专家再提出工期预测意见。经多次反复与循环，使意见趋于一致，作为工期定额的依据。

### 5.3.5　工期定额确定的主要因素

1. 时间因素

春、夏、秋、冬开工时间不同对施工工期有一定的影响。冬季开始施工的工程，有效工作天数相对较少，施工费用较高，工期也较长。春、夏季开工的项目可赶在冬天到来之前完成主体，冬天则进行辅助工程和室内工程施工，可以缩短建设工期。

2. 空间因素

空间因素就是地区不同的因素。如北方地区冬季较长、南方则较短些，南方雨量较多，而北方则较少些。一般将全国划分为Ⅰ、Ⅱ、Ⅲ类地区。

3. 施工对象因素

施工对象因素是指结构、层数、面积不同对工期的影响。在工程项目建设中，同一规模的建筑由于其结构形式不同，如采用钢结构、预制结构、现浇结构或砖混结构，其工期不同。同一结构的建筑，由于其层数、面积的不同，工期也不相同。

4. 施工方法因素

机械化、工厂化施工程度不同，也影响着工期的长短。机械化水平较高时，相应的工期会缩短。

5. 资金使用和物资供应方式的因素

一个建设项目批准后，其资金使用方式和物资供应方式是不同的，因而对工期也将产生不同和影响。政府投资建设的工程，由于资金提供的时间和数量的不同，而对建设工程带来不同的影响。资金提供及时，项目能顺利进行，否则就会拖延工期。自筹资金项目在发生资金筹措困难时，或在资金提供拖延时，将直接延缓建设工期。

### 5.3.6　工期定额的内容

以《全国统一建筑安装工程工期定额》（2000 版）为例，主要包括以下内容：

1. 章节划分

本定额共有六章，根据工程类别，定额又分为三大部分：第一部分民用建筑工程，第二部分工业及其他建筑工程，第三部分专业工程。共列有 3532 个项目。工期定额的章、节、项目划分见下表 5‐6。

表 5‐6　　　　　　　　　　　　　　　　工期定额章节划分表

| 部分 | 章号 | 各章名称 | 项目 |
|---|---|---|---|
| 第一部分<br>民用建筑工程 | 一 | 单项工程 | 1520 |
| | 二 | 单位工程 | 424 |
| 第二部分<br>工业及其他建筑工程 | 三 | 工业建筑工程 | 561 |
| | 四 | 其他建筑工程 | 323 |
| 第三部分<br>专业工程 | 五 | 设备安装工程 | 166 |
| | 六 | 机械施工工程 | 538 |
| 总计 | — | — | 3532 |

2. 民用建筑工程定额基本结构和内容

民用建筑工程中，包括第一章单项工程和第二章单位工程。

民用建筑工程单项工程包括 ±0.000m 以下工程、±0.000m 以上工程、影剧院和体育馆工程，其结构和内容如图 5‐5 所示。

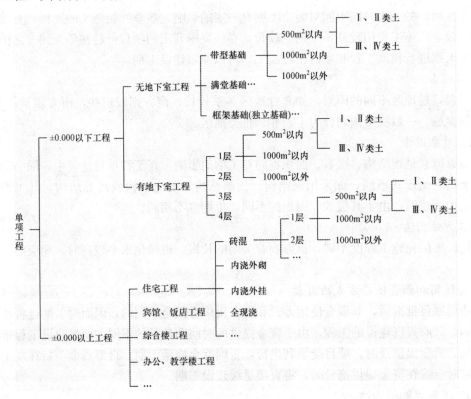

图 5‐5　民用建筑单项工程工期定额基本结构

民用建筑工程单位工程包括结构工程和装修工程，其基本结构如图 5‐6 所示。

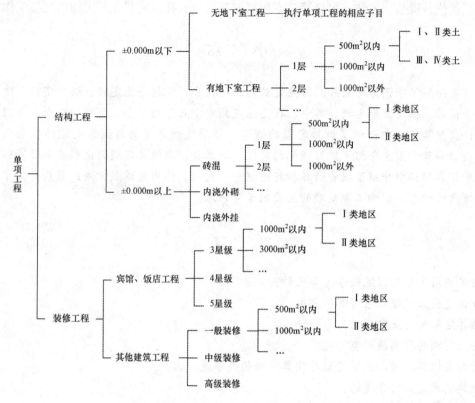

图 5-6　民用建筑单位工程工期定额基本结构

**3. 工业及其他建筑工程工期定额基本结构和内容**

第二部分工业及其他建筑工程中，包括第3章工业建筑和第4章其他建筑工程。

工业建筑工程工期定额的基本内容主要包括单层、多层厂房、降压站、冷冻机房、冷库、冷藏间、空压机房等工业建筑。工期工期指一个单项工程（土建、安装、装修等）的工期，其中土建包括基础和主体结构。

其他建筑工程工期定额的基本内容包括地下汽车库、汽车库、仓库、独立地下工程、服务用房、停车场、园林庭院和构筑物工程等。地下车库为独立的地下车库工程工期。

**4. 专业工程基本内容**

在第三部分专业工程中，包括第5章设备安装工程和第6章机械施工工程。

设备安装工程适用于民用建筑设备安装和一般工业厂房的设备安装工程，包括电梯、起重机、锅炉、供热交换设备、空调设备、通风空调、变电室、开关所、降压站、发电机房、肉联厂屠宰间、冷冻机房冷冻冷藏间、空压站、自动电话交换机及金属容器等安装工程。

本章工期从土建交付安装并具备连续施工条件起，至完成承担的全部设计内容，并达到国家建筑安装工程验收标准的全部日历天数。室外设备安装工程中的气密性试验、压力试验，如受气候影响，应事先征得建设单位同意后，工期可以顺延。

机械施工工程包括构件吊装、网架吊装、机械土方、机械打桩、钻孔灌注桩和人工挖孔桩等工程，而且是以各种不同施工机械综合考虑的，对使用的任何机械种类，均不得调整。构件吊装工程（网架除外）包括柱子、屋架、梁、板、天窗架、支撑、楼梯、阳台等构件的现场搬运、就位、拼装、吊装、焊接等，不包括钢筋张拉、孔道灌浆和开工前的准备工作。

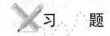

## 小　　结

本章首先介绍了除预算定额外的其他定额的相关内容，包括企业定额、概算定额、概算指标、投资估算指标及工期定额。其中，在企业定额中重点介绍了企业定额的概念、作用及编制原则；在概算定额中介绍了概算定额的概念、作用及概算定额与预算定额的区别与联系；概算指标章节中重点介绍了概算指标的定义、概算指标与概算定额的区别及概算指标的应用；投资估算指标中介绍了投资估算指标的概念、内容、作用及编制方法；最后介绍了工期定额的概念、作用、影响工期定额的主要因素等内容。

## 习　　题

1. 按定额用途分工程定额分为哪几种？

2. 什么是企业定额，它有哪些作用？

3. 预算定额和企业定额的关系是什么？

4. 企业定额的编制原则有哪些？

5. 什么是概算定额，概算定额与预算定额的关系是什么？

6. 概算定额是如何分类的？

7. 概算指标与概算定额的区别是什么？

8. 某新建单身宿舍其建筑面积为 $3000m^2$，按概算指标和地区材料预算价格等算出的单位造价为 830 元$/m^2$，其中：土建工程 720 元$/m^2$，采暖工程 36 元$/m^2$，照明工程 34 元$/m^2$，给排水工程 40 元$/m^2$。但新建单身宿舍设计资料与概算指标相比较，其结构构件有部分变更。设计资料表明，外墙为 1.5 砖外墙，而概算指标中外墙为 1 砖墙，根据当地土建工程预算定额，外墙带形毛石基础的预算单价为 147 元$/m^3$，1 砖外墙的预算单价为 178.12 元$/m^3$，1.5 砖外墙的预算单价为 179.42 元$/m^3$；概算指标中每 $100m^2$ 中含外墙带形毛石基础为 $19m^3$，1 砖外墙为 $47.8m^3$。新建工程设计资料表明，每 $100m^2$ 中含外墙带形毛石基础为 $20.3m^3$，1.5 砖外墙 $62.3m^3$。求调整后的新建宿舍的概算单价和概算造价。

9. 什么是投资估算指标？分为几个层次？

10. 什么是施工工期定额？确定工期定额的主要因素有哪些？

# 第6章 工 程 计 价

本章学习目标

1. 了解两种计价方法的计价程序，熟悉两种计价方法的区别和联系。
2. 了解施工图预算的含义、作用及编制依据。
3. 掌握施工图预算的编制方法。
4. 熟悉招标控制价、投标报价的概念、编制原则及编制内容。
5. 了解工程量的含义、工程量的计算步骤及计算工程量的原则。
6. 掌握利用统筹法计算工程量的思路。

## 6.1 工 程 计 价 方 法

### 6.1.1 工程计价的含义

工程造价的计价就是指按照规定的计算程序和方法，用货币的数量表示建设项目（包括拟建、在建和已建的项目）的价值（成本、利润、税金）。建设工程计价的内容包括投资估算、设计概算、施工图预算、工程结算、竣工决算等。目前，在我国建筑产品计价的模式有两种：定额计价模式和工程量清单计价模式。

### 6.1.2 工程定额计价

我国在很长一段时间内采用单一的工程定额计价模式形成工程价格，即按预算定额规定的分部分项子目，逐项计算工程量，套用预算定额单价（或单位估价表）确定直接工程费，然后按规定的取费标准确定措施费、间接费、利润和税金，加上材料调差系数和适当的不可预见费，经汇总后即为工程预算或标底，而标底则作为评标定标的主要依据。

以预算定额单价法确定工程造价，是我国采用的一种与计划经济相适应的工程造价管理制度。工程定额计价模式实际上是国家通过颁布统一的计价定额或指标，对建筑产品价格进行有计划的管理。国家以假定的建筑安装产品为对象，制定统一的预算和概算定额，计算出每一单元子项的费用后，再综合形成整个工程的价格。工程计价的基本程序如图 6-1 所示。

从图 6-1 中可以看出，编制建设工程造价最基本的过程有两个：工程量计算和工程计价。为统一口径，工程量的计算均按照统一的项目划分和工程量计算规则计算。工程量确定以后，就可以按照一定的方法确定出工程的成本及盈利，最终就可以确定出工程预算造价（或投标报价）。定额计价方法的特点就是量与价的结合。概预算的单位价格的形成过程，就是依据概预算定额所确定的消耗量乘以定额单价或市场价，经过不同层次的计算达到量与价的最优结合过程。

确定建筑产品价格定额计价的基本方法和程序，还可以用公式表示如下：

（1）每一计量单位建筑产品的基本构造要素（假定建筑产品）的直接工程费单价＝人工费＋材料费＋施工机械使用费。

其中：人工费＝$\sum$（人工工日数量×人工日工资标准）

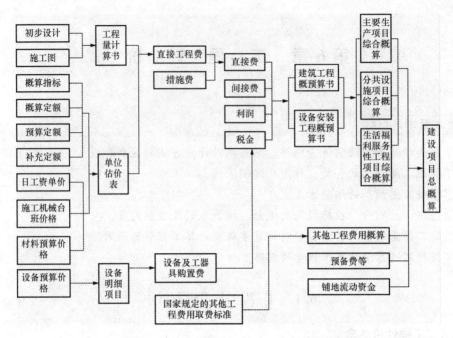

图 6-1　工程造价定额计价程序示意图

材料费＝∑(材料用量×材料基价)＋检验试验费

机械使用费＝∑(机械台班用量×台班单价)

(2) 单位工程直接费＝∑(假定建筑产品工程量×直接工程费单价)＋措施费。

(3) 单位工程概预算造价＝单位工程直接费＋间接费＋利润＋税金。

(4) 单项工程概算造价＝∑单位工程概预算造价＋设备、工器具购置费。

(5) 建设项目全部工程概算造价＝∑单项工程的概算造价＋预备费＋有关的其他费用。

### 6.1.3　工程量清单计价基本方法

#### 1. 工程量清单计价流程

工程量清单计价是在定额计价方式的基础上发展起来的，适应我国市场经济条件的新的建筑产品计价方式。工程量清单计价的基本过程可以描述为：在统一的工程量清单项目设置的基础上，制定工程量清单计算规则，根据具体工程的施工图纸计算出各个清单项目的工程量，再根据各种渠道所获得的工程造价信息和经验数据计算得到工程造价。这一基本的计算过程如图 6-2 所示。

从工程量清单计价的过程示意图中可以看出，其编制过程可分为两个阶段：工程量清单的编制和利用工程量清单来编制投标报价 (或招标控制价)。投标报价是在业主提供的工程量计算结果的基础上，根据企业自身所掌握的各种信息、资料，结合企业定额编制得出的。采用工程量清单计价，建筑安装工程造价由分部分项工程费、措施项目费、其他项目费、规费和税金组成，其中：

(1) 分部分项工程费＝∑(分部分项工程量×分部分项工程单价)

(2) 措施项目费＝∑(措施项目工程量×措施项目综合单价)

(3) 其他项目费＝暂列金额＋暂估价＋计日工＋总承包服务费

(4) 单位工程报价＝分部分项工程费＋措施项目费＋其他项目费＋规费＋税金

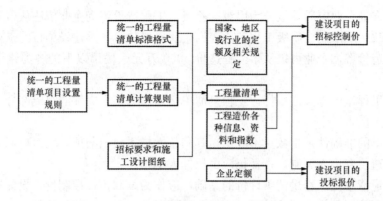

图 6-2 工程造价工程量清单计价过程示意图

（5）单项工程报价＝∑单位工程报价

（6）建设项目总报价＝∑单项工程报价

公式中，综合单价是指完成一个规定计量单位的分部分项工程量清单项目或措施清单项目所需的人工费、材料费、施工机械使用费和企业管理费与利润，以及一定范围内的风险费用。

2. 《建设工程工程量清单计价规范》总则（GB 50500—2013）

（1）为规范工程造价计价行为，统一建设工程工程量清单的编制和计价方法，根据《中华人民共和国建筑法》、《中华人民共和国合同法》、《中华人民共和国招标投标法》等法律法规，制定本规范。

（2）本规范适用于建设工程发承包及实施阶段的计价活动。建设工程包括建筑工程、装饰装修工程、安装工程、市政工程、园林绿化工程和矿山工程。工程量清单计价活动包括工程量清单编制、工程量清单招标控制价编制、工程量清单投标报价编制、工程合同价款的约定、竣工结算的办理以及工程施工过程中工程计量与工程价款的支付、索赔与现场签证、工程价款的调整和工程计价争议处理等活动。

（3）建设工程发承包及实施阶段的工程造价应由分部分项工程费、措施项目费、其他项目费、规费和税金组成。

（4）工程量清单、招标控制价、投标报价、工程价款结算等工程造价文件的编制与核对应由具有资格的工程造价专业人员承担。

在建设工程计价活动中，工程造价人员实行执业资格制度。按照《注册造价工程师管理办法》第十八条的规定，注册造价工程师应当在本人承担的工程造价成果文件上签字并盖章；《全国建设工程造价人员管理暂行办法》第十八条规定，造价员应当在本人承担的工程造价成果文件上签字并盖章。

（5）建设工程工程量清单计价活动应遵循客观、公正、公平的原则。

（6）建设工程工程量清单计价活动，除应遵守本规范外，尚应符合国家现行有关标准的规定。

3. 工程量清单编制的一般规定

（1）工程量清单应由具有编制招标文件能力的招标人或受其委托，具有相应资质的工程造价咨询人进行编制。

工程造价咨询企业资质等级分为甲级、乙级。工程造价咨询企业依法从事工程造价咨询活动，不受行政区域限制。甲级工程造价咨询企业可以从事各类建设项目的工程造价咨询业务。乙级工程造价咨询企业可以从事工程造价 5000 万元人民币以下的各类建设项目的工程造价咨询业务。

（2）采用工程量清单方式招标，工程量清单必须作为招标文件的组成部分，其准确性和完整性由招标人负责。

工程量清单的准确性是指数量不算错，其完整性指不缺项漏项，均由招标人负责；如招标人委托工程造价咨询人编制，责任仍应由招标人承担。

（3）工程量清单是工程量清单计价的基础，应作为编制招标控制价、投标报价、计算工程量、支付工程款、调整合同价款、办理竣工结算以及工程索赔等的依据。

（4）工程量清单应由分部分项工程量清单、措施项目清单、其他项目清单、规费项目清单、税金项目清单组成。

（5）编制工程量清单的依据：

1）本规范。

2）国家或省级、行业建设主管部门颁发的计价依据和办法。

3）建设工程设计文件。

4）与建设工程项目有关的标准、规范、技术资料。

5）拟定的招标文件。

6）施工现场情况、工程特点及常规施工方案。

7）其他相关资料。

4. 工程量清单计价编制的一般规定

（1）采用工程量清单计价，建设工程造价由分部分项工程费、措施项目费、其他项目费、规费和税金组成。

（2）分部分项工程量清单应采用综合单价计价。综合单价指完成一个规定计量单位的分部分项工程量清单项目或措施项目所需的人工费、材料费、施工机械使用费、企业管理费和税金，以及一定范围内的风险费用。

（3）招标文件中的工程量清单标明的工程量是投标人投标报价的共同基础，竣工结算的工程量按发包、承包双方在合同中约定应予计量且按实际完成的工程量确定。

（4）措施项目清单计价应根据拟建工程的施工组织设计，可以计算工程量的措施项目，应按分部分项工程量清单的方式采用综合单价计价；其余的措施项目可以"项"为单位的方式计价，应包括除规费、税金外的全部费用。

（5）措施项目清单中的安全文明施工费应按国家或省级、行业建设主管部门的规定计价，不得作为竞争性费用。

（6）其他项目清单应根据工程特点和相应规范的规定计价。

（7）招标人在工程量清单中提供了暂估价的材料和专业工程属于依法必须招标的，由承包人和招标人共同招标确定材料单价与专业工程分包价。

若材料不属于依法必须招标的，经发、承包双方协商确认单价后计价。

若专业工程不属于依法必须招标的，由发包人、总承包人与分包人按有关计价依据进行计价。

（8）规费和税金应按国家或省级、行业建设主管部门的规定计算，不得作为竞争性费用。

（9）采用工程量清单计价的工程，应在招标文件或合同中明确风险内容及其范围（幅度），不得采用无限风险、所有风险或类似语句规定风险内容及其范围（幅度）。

1）对于主要由市场价格波动导致的价格风险，如建筑材料、燃料等价格风险，发包、承包双方应当在招标文件中或在合同中对此风险的范围和幅度予以明确约定，进行合理分摊。一般承包人可承担5％以内的材料价格风险，10％的施工机械使用费的风险。

2）对于法律、法规、规章或有关政策出台导致工程税金、规费、人工发生变化，并由省级、行业建设主管部门或其授权的工程造价管理机构根据上述变化发布的政策性调整，承包人不应承担此类风险，应按照有关调整规定执行。

3）对于承包人根据自身技术水平、管理、经营状况能够自主控制的风险，如承包人的管理费、利润的风险，承包人应结合市场情况，根据企业自身实际合理确定、自主报价，该部分风险由承包人全部承担。

### 6.1.4  工程定额计价与工程量清单计价方法的联系与区别

1. 工程定额计价与工程量清单计价方法的联系

（1）两种计价方式的组价方法相同。工程造价的计价就是指按照规定的计算程序和方法，用货币的数量表示建设项目（包括拟建、在建和已建的项目）的价值。无论是工程定额计价方法还是工程量清单计价方法，它们的工程造价计价都是一种从下而上的分部组合计价方法。

工程造价计价的基本原理就在于项目的分解与组合。每一个建设项目的建设都需要按业主的特定需要进行单独设计、单独施工，不能批量生产和按整个项目确定价格，只能采用特殊的计价程序和计价方法，即将整个项目进行分解，划分为可以按有关技术经济参数测算价格的基本构造要素（或称分部、分项工程），这样就很容易地计算出基本构造要素的费用。一般来说，分解结构层次越多，基本子项也越细，计算也更精确。

任何一个建设项目都可以分解为一个或几个单项工程；任何一个单项工程都是由一个或几个单位工程所组成，作为单位工程的各类建筑工程和安装工程仍然是一个比较复杂的综合实体，还需要进一步分解。就建筑工程来说，又可以按照施工顺序细分为土石方工程、砖石砌筑工程、混凝土及钢筋混凝土工程等分部工程。分解成分部工程后，虽然每一部分都包括不同的结构和装修内容，但是从工程计价的角度来看，还需要把分部工程按照不同的施工方法、不同的构造及不同的规格，加以更为细致的分解，划分为更简单细小的部分。经过这样逐步分解到分项工程后，就可以得到基本构造要素了。找到了适当的计量单位及当时当地的单价，就可以采取一定的计价方法，进行分项分部组合汇总，计算出某工程的工程总造价，如图6-3所示。

在我国，工程造价计价的主要思路也是将建设项目细分至最基本的构成单位（如分项工程），用其工程量与相应单价相乘后汇总，即为整个建设工程造价。

（2）两种计价方式的基本原理相同。

工程造价计价的基本原理是：

建筑安装工程造价＝∑［单位工程基本构造要素工程量(分项工程)×相应单价］

无论是定额计价还是清单计价，都同样有效，只是公式中的各要素有不同的含义：

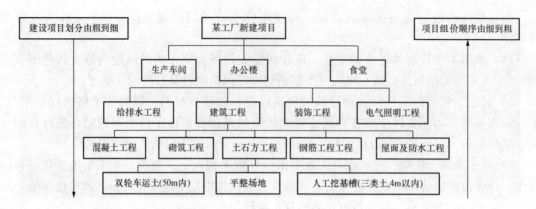

图 6-3　某工厂新建项目划分示意图

1）单位工程基本构造要素即分项工程项目。定额计价时，是按工程定额划分的分项工程项目；清单计价时是指清单项目。

2）工程量是指根据工程项目的划分和工程量计算规则，按照施工图或其他设计文件计算的分项工程实物量。工程实物量是计价的基础，不同的计价依据有不同的计算规则。目前，工程量计算规则包括两大类：

①国家标准《建设工程工程量清单计价规范》各附录中规定的计算规则。

②各类工程定额规定的计算规则。

3）工程单价是指完成单位工程基本构造要素的工程量所需要的基本费用。

工程定额计价方法下的分项工程单价是指概、预算定额基价，通常是指工料单价，仅包括人工、材料、机械台班费用，是人工、材料、机械台班定额消耗量与其相应单价的乘积。用公式表示：

$$定额分项工程单价＝\sum（定额消耗量×相应单价）$$

①定额消耗量包括人工消耗量、各种材料消耗量、各类机械台班消耗量。消耗量的大小决定定额水平。定额水平的高低，只有在两种及两种以上的定额相比较的情况下，才能区别。对于消耗相同生产要素的同一分项工程，消耗量越大，定额水平越低；反之，则越高。但是，有些工程项目（单位工程或分项工程），因为在编制定额时采用的施工方法、技术装备不同，而使不同定额分析出来的消耗量之间没有可比性，则可以同一水平的生产要素单价分别乘以不同定额的消耗量，经比较确定。

②相应单价是指生产要素单价，是某一时点上的人工、材料、机械台班单价。同一时点上的工、料、机单价的高低，反映出不同的管理水平。在同一时期内，人工、材料、机械台班单价越高，则表明该企业的管理技术水平越低；人工、材料、机械台班单价越低，则表明该企业的管理技术水平越高。

工程量清单计价方法下的分项工程单价是指综合单价，包括人工费、材料费、机械台班费，还包括企业管理费、利润和风险因素。综合单价应该是根据企业定额和相应生产要素的市场价格来确定。

2. 工程定额计价与工程量清单计价方法的区别

工程量清单计价方法与工程定额计价方法相比有一些重大区别，这些区别也体现了工程量清单计价方法的特点。

（1）两种模式的最大差别在于体现了我国建设市场发展过程中的不同定价阶段。

1）我国建筑产品价格市场化经历了"国家定价——国家指导价——国家调控价"三个阶段。定额阶段是以概预算定额、各种费用定额为基础依据，按照规定的计算程序确定工程造价的特殊计价方法。因此，利用工程建设定额计算工程造价就价格形成而言，介于国家定价和国家指导价之间。在工程定额计价模式下，工程价格或直接由国家决定，或是由国家给出一定的指导性标准，承包商可以在该标准的允许幅度内实现有限竞争。例如在我国的招投标制度中，一度严格限定投标人的报价必须在限定标底的一定范围内波动，超出此范围即为废标，这一阶段的工程招标投标价格即属于国家指导价格，体现出在国家宏观计划控制下的市场有限竞争。

2）工程量清单计价模式则反映了市场定价阶段。在该阶段中，工程价格是在国家有关部门间接调控和监督下，由工程承包发包双方根据工程市场中建筑产品供求关系变化自主确定工程价格。其价格的形成可以不受国家工程造价管理部门的直接干预，而此时的工程造价是根据市场的具体情况，由竞争形成、自发波动和自发调节的特点，如图6-4所示。

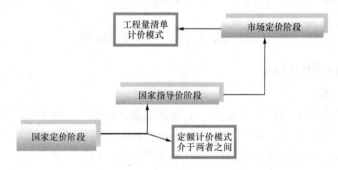

图6-4　建设产品价格的市场化过程

（2）两种模式的主要计价依据及其性质不同。

1）工程定额计价模式的主要计价依据为国家、省、有关专业部门制定的各种定额，其性质为指导性，定额的项目划分一般按施工工序分项，每个分项工程项目所含的工程内容一般是单一的。

2）工程量清单计价模式的主要计价依据为"清单计价规范"，其性质是含有强制性条文的国家标准，清单的项目划分一般是按"综合项目"进行分项的，每个分项工程一般包含多项工程内容。

（3）编制工程量的主体不同。在定额计价方法中，建设工程的工程量由招标人和投标人分别按图纸计算。而在清单计价方法中，工程量由招标人统一计算或委托符合条件的工程造价咨询资质单位统一计算，工程量清单是招标文件的重要组成部分，各投标人根据招标人提供的工程量清单，根据自身的技术装备、施工经验、企业成本、企业定额、管理水平自主填写单价与合价。

（4）单价与报价的组成不同。定额计价的单价包括人工费、材料费、机械台班费，而清单计价方法采用综合单价形式，综合单价包括人工费、材料费、机械使用费、管理费、利润，并考虑风险因素。工程量清单计价法的报价除定额计价法的报价外，还包括暂列金额、暂估价、计日工等其他项目费。

（5）适用阶段不同。从目前我国现状来看，工程定额主要用于在项目建设前期各阶段对于建设投资的预测和估计；在工程建设交易阶段，工程定额通常只能作为建设产品价格形成的辅助依据，而工程量清单计价依据主要适用于合同价格形成以及后续的合同价格管理阶段。体现出我国对于工程造价的一词两义采用了不同的管理方法。

（6）合同价格的调整方式不同。定额计价方法形成的合同价格，其主要调整方式有变更签证、定额解释、政策性调整。而工程量清单计价方法在一般情况下单价是相对固定的，减少了在合同实施过程中的调整活口。通常情况下，如果清单项目的数量没有增减，能够保证合同价格基本没有调整，保证了其稳定性，也便于业主进行资金准备和筹划。

（7）工程量清单计价把施工措施性消耗单列并纳入了竞争的范畴。定额计价未区分施工实体性损耗和施工措施性损耗，而工程量清单计价把施工措施与施工实体项目进行分离，这项改革的意义在于突出了施工措施费用的市场竞争性。工程量清单计价规范的工程量计算规则的编制原则一般是以工程实体的净尺寸计算，即没有包含工程量合理损耗，这一特点也就是定额计价的工程量计算规则与工程量清单计价规范的工程计算规则的本质区别。

## 6.2　施工图预算的编制

### 6.2.1　施工图预算的概念

1. 施工图预算的含义

施工图预算是在施工图设计完成后，工程开工前，根据已批准的施工图纸、现行的预算定额、费用定额和地区人工、材料、设备与机械台班等资源价格，在施工方案或施工组织设计已大致确定的前提下，按照规定的计算程序计算直接工程费、措施费、并计取间接费、利润、税金等费用，确定单位工程造价的技术经济文件。

2. 施工图预算编制的两种模式

（1）传统定额计价模式。我国传统的定额计价模式是采用国家、部门或地区统一规定的预算定额、单位估价表、取费标准、计价程序进行工程造价计价的模式，通常也称为定额计价模式。

在传统的定额计价模式下，国家或地方主管部门颁布工程预算定额，并且规定了相关取费标准，发布有关资源价格信息。建设单位与施工单位均先根据预算定额中规定的工程量计算规则、定额单价计算直接工程费，再按照规定的费率和取费程序计取间接费、利润和税金，汇总得到工程造价。

即使在预算定额从指令性走向指导性的过程中，虽然预算定额中的一些因素可以按市场变化做一些调整，但其调整也都是按造价管理部门发布的造价信息进行，造价管理部门不可能把握市场价格的随时变化，其公布的造价信息与市场实际价格信息总有一定的滞后与偏离，这就决定了定额计价模式的局限性。

（2）工程量清单计价模式。工程量清单计价模式是招标人按照国家统一的工程量清单计价规范中的工程量计算规则提供工程量清单和技术说明，由投标人依据企业自身的条件和市场价格对工程量清单自主报价的工程造价计价模式。

工程量清单计价模式是国际通行的计价方法，为了使我国工程造价管理与国际接轨，逐步向市场化过渡，我国于 2003 年 7 月 1 日开始实施国家标准《建设工程工程量清单计价规范》(GB 50500—2003),并于 2008 年、2013 年进行了修订。

3. 施工图预算的作用

(1) 施工图预算对投资方的作用。

1) 施工图预算是控制造价及资金合理使用的依据。施工图预算确定预算造价的计划成本,投资方按施工图预算造价筹集建设资金,并控制资金的合理使用。

2) 施工图预算是确定工程招标控制价的依据。在设置招标控制价的情况下,建筑安装工程的招标控制价可按照施工图预算来确定。招标控制价通常是在施工图预算的基础上考虑工程的特殊施工措施、工程质量要求、目标工期、招标工程范围以及自然条件等因素进行编制的。

(2) 施工图预算对施工企业的作用。

1) 施工图预算是建筑施工企业投标时"报价"的参考依据。在激烈的建筑市场竞争中,建筑施工企业需要根据施工图预算造价,结合企业的投标策略,确定投标报价。

2) 施工图预算是建筑工程预算包干的依据和签订施工合同的主要内容。在采用总价合同的情况下,施工单位通过与建设单位的协商,可在施工图预算的基础上,考虑设计或施工变更后可能发生的费用与其他风险因素,增加一定系数作为工程造价一次性包干。同样,施工单位与建设单位签订施工合同时,其中的工程价款的相关条款也必须以施工图预算为依据。

3) 施工图预算是施工企业安排调配施工力量,组织材料供应的依据。施工单位各职能部门可根据施工图预算编制劳动力供应计划和材料供应计划,并由此做好施工前的准备工作。

4) 施工图预算是施工企业控制工程成本的依据。根据施工图预算确定的中标价格是施工企业收取工程款的依据,企业只有合理利用各项资源,采用先进技术和管理方法,将成本控制在施工图预算价格以内,企业才会获得良好的经济效益。

5) 施工图预算是"两算"对比的依据。施工企业可以通过施工图预算和施工预算的对比分析,找出差距,采取必要的改进措施。

(3) 施工图预算对其他方面的作用。

1) 对于工程咨询单位来说,可以客观、准确地为委托方做成施工图预算,以强化投资方对工程造价的控制,有利于节省投资,提高建设项目的投资效益。

2) 对于工程造价管理部门来说,施工图预算时其监督检查执行定额标准、合理确定工程造价、测算造价指数及审定工程招标控制价的重要依据。

4. 施工图预算的内容

施工图预算有单位工程预算、单项工程预算和建设项目总预算。单位工程预算时根据施工图设计文件、现行预算定额、单位估价表、费用定额以及人工、材料、设备、机械台班等预算价格资料,编制单位工程的施工图预算;然后汇总所有各单位工程施工图预算,成为单项工程施工图预算;再汇总所有单项工程施工图预算,形成最终的建设项目建筑安装工程的总预算。例某学校新校区由教学楼和办公楼两单项工程组成,则预算书的编制程序如图 6-5 所示。

单位工程预算包括建筑工程预算和设备安装工程预算。建筑工程预算按其工程性质分为一般土建工程预算、给排水工程预算、采暖通风工程预算、煤气工程预算、电气照明工程预算、弱电工程预算、特殊构筑物如炉窑等工程预算和工业管道工程预算等。设备安装工程预算可分为机械设备安装工程预算、电气设备安装工程预算和热力设备安装工程预算等。

5. 施工图预算的编制依据

(1) 国家、行业和地方政府有关工程建设和造价管理的法律、法规和规定。

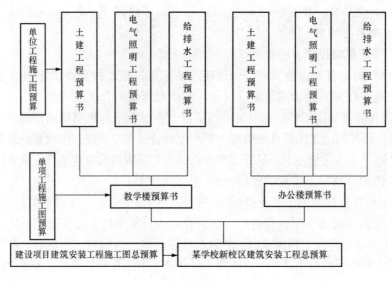

图 6-5　预算书的编制程序

（2）经过批准和会审的施工图设计文件和有关标准图集。

（3）工程地质勘查资料。

（4）企业定额、现行建筑工程和安装工程预算定额和费用定额、单位估价表、有关费用规定等文件。

（5）材料与构配件市场价格、价格指数。

（6）施工组织设计或施工方案。

（7）经批准的拟建项目的概算文件。

（8）现行的有关设备原价及运杂费率。

（9）建设场地中的自然条件和施工条件。

（10）工程承包合同、招标文件。

### 6.2.2　施工图预算的编制方法

《建筑工程施工发包与承包计价管理办法》规定，施工图预算、招标标底（相当于现在的招标控制价）、投标报价由成本、利润和税金构成。其编制可以采用工料单价法和综合单价法两种计价方法。工料单价法是传统的定额计价模式下的施工图预算编制方法，而综合单价法是适应市场经济条件的工程量清单计价模式下的施工图预算编制方法。

1. 工料单价法

工料单价法是指分部分项工程的单价为直接工程费单价，以分部分项工程量乘以对应分部分项工程单价后的合计为单位直接工程费，直接工程费汇总后另加措施费、间接费、利润、税金生成施工图预算造价。

按照分部分项工程单价产生的方法不同，工料单价法又可以分为预算单价法和实物法。

（1）预算单价法。预算单价法就是采用地区统一单位估价表中的各分项工程工料预算单价（基价）乘以相应的各分项工程的工程量，求和后得到包括人工费、材料费和施工机械使用费在内的单位工程直接工程费，措施费、间接费、利润和税金可根据统一规定的费率乘以相应的计费基数得到，将上述费用汇总后得到该单位工程的施工图预算造价。

预算单价法编制施工图预算的基本步骤如下：

1）编制前的准备工作。编制施工图预算，不仅要严格遵守国家计价法规、政策，严格按图纸计量，而且还要考虑施工现场条件因素，是一项复杂而细致的工作，也是一项政策性和技术性都很强的工作，因此，必须事前做好充分准备。准备工作主要包括两大方面：一是组织准备；二是资料的收集和现场情况的调查。

2）熟悉图纸和预算定额以及单位估价表。熟悉图纸不但要弄清图纸的内容，而且要对图纸进行审核：图纸间相关尺寸是否有误，设备与材料表上的规格、数量是否与图示相符；详图、说明、尺寸和其他符号是否正确等，若发现错误应及时纠正。另外，还要熟悉标准图以及设计变更通知，这些都是图纸的组成部分，不可遗漏。通过对图纸的熟悉，要了解工程的性质、系统的组成，设备和材料的规格型号和品种，以及有无新材料、新工艺的采用。

预算定额和单位估价表是编制施工图预算的计价标准，对其适用范围、工程量计算规则及定额系数等都要充分了解，做到心中有数，这样才能使预算编制准确、迅速。

3）了解施工组织设计和施工现场情况。编制施工图预算前，应了解施工组织设计中影响工程造价的有关内容。例如，各分部分项工程的施工方法，土方工程中余土外运使用的工具、运距，施工平面图对建筑材料、构件等堆放点到施工操作点的距离等，以便能正确计算工程量和正确套用或确定某些分项工程的基价。这对于正确计算工程造价，提高施工图预算质量，具有重要意义。

4）划分工程项目和计算工程量。

①划分工程项目。划分的工程项目必须和定额规定的项目一致，这样才能正确地套用定额。不能重复列项计算，也不能漏项少算。

②计算并整理工程量。必须按定额规定的工程量计算规则进行计算，该扣除部分要扣除，不该扣除的部分不能扣除。当按照工程项目将工程量全部计算完成后，要对工程项目和工程量进行整理，即合并同类项和按序排列，为套用定额、计算直接工程费和进行工料分析打下基础。

5）套单价（计算定额基价）。即将定额子项中的基价填于预算表单价栏内，并将单价乘以工程量得出合价，将结果填入合价栏。

计算公式为：

$$单位工程直接工程费 = \sum (分项工程量 \times 相应定额基价)$$

6）工料分析。工料分析即按分项工程项目，依据定额或单位估价表，计算人工和各种材料的实物消耗量，并将主要材料汇总成表。工料分析的方法是：首先从定额项目表中分别将各分项工程消耗的每项材料和人工的定额消耗量查出；再分别乘以该工程项目的工程量，得到分项工程工料消耗量；最后将各分项工程工料消耗量加以汇总，得出单位工程人工、材料的消耗数量。

7）计算主材费（未计价材料费）。因为许多定额项目基价为不完全价格，即未包括主材费用在内。计算所在地定额基价费（基价合计）之后，还应计算出主材费，以便计算工程造价。

8）按费用定额取费。即按有关规定计取措施费，以及按当地费用定额的取费规定计取间接费、利润、税金等。

9）计算汇总工程造价。将直接费、间接费、利润和税金相加即为工程预算造价。

10）编写编制说明、填写封面。

上述预算单价法编制施工图预算的基本步骤示意图如图 6-6 所示。

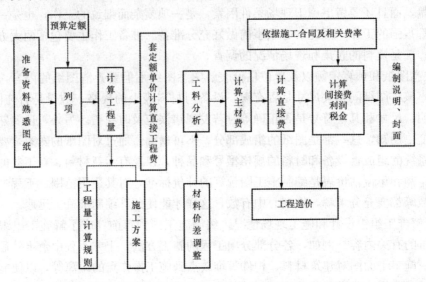

图 6-6　预算单价法编制施工图预算的基本步骤示意图

（2）实物法。用实物法编制单位工程施工图预算，就是根据施工图计算的各分项工程量分别乘以地区定额中人工、材料、施工机械台班的定额消耗量，分类汇总得出该单位工程所需的全部人工、材料、施工机械台班消耗数量，然后再乘以当时当地人工工日单价、各种材料单价、施工机械台班单价，求出相应的人工费、材料费、机械使用费，再加上措施费，就可以求出该工程的直接费。间接费、利润及税金等费用计取方法与预算单价法相同。

单位工程直接工程费的计算可以按照以下公式：

$$人工费＝综合工日消耗量×综合工日单价$$

$$材料费＝\sum（各种材料消耗量×相应材料单价）$$

$$机械费＝\sum（各种机械消耗量×相应机械台班单价）$$

$$单位工程直接工程费＝人工费＋材料费＋机械费$$

实物法的优点是能比较及时地将反映各种材料、人工、机械的当时当地市场单价计入预算价格，不需调价差，反映当时当地的工程价格水平。缺点是由于采用该方法需要统计人工、材料、机械台班消耗量，还需搜集相应的实际价格，因而工作量较大，计算过程繁琐。

实物法编制施工图预算的基本步骤如下：

1）编制前的准备工作。具体的工作内容同预算单价法相应步骤的内容。但此时要全面收集各种人工、材料、机械台班的当时当地的市场价格，应包括不同品种、规格的材料预算单价；不同工种、等级的人工工日单价；不同种类、型号的施工机械台班单价等。要求获得的各种价格应全面、真实、可靠。

2）熟悉图纸和预算定额。本步骤同预算单价法相应步骤。

3）了解施工组织设计和施工现场情况。本步骤同预算单价法相应步骤。

4）划分工程项目和计算工程量。本步骤同预算单价法相应步骤。

5）套用定额消耗量，计算人工、材料、机械台班消耗量。根据地区定额中人工、材料、施工机械台班的定额消耗量，乘以各分项工程的工程量，分别计算出各分项工程所需的各类人工工日数量、各类材料消耗数量和各类施工机械台班数量。

6) 计算并汇总单位工程的人工费、材料费和施工机械台班费。在计算出各分部分项工程的各类人工工日数量、材料消耗数量和施工机械台班数量后，先按类别相加汇总求出该单位工程所需的各种人工、材料、施工机械台班的消耗数量，分别乘以当时当地相应人工、材料、施工机械的实际市场单价，即可求出单位工程的人工费、材料费、机械费，再汇总计算出单位工程直接工程费。计算公式为：

单位工程直接工程费＝∑(工程量×定额人工消耗量×市场工日单价)＋∑(工程量×定额材料消耗量×市场材料单价)＋∑(工程量×定额机械台班消耗量×市场机械台班单价)

7) 计算其他费用，汇总工程造价。对于措施费、间接费、利润和税金等费用的计算，可以采用与预算单价法相似的计算程序，只是有关费率是根据当时当地建设市场的供求情况确定。将上述直接费、间接费、利润和税金等汇总即为单位工程预算造价。

上述实物法编制施工图预算的基本步骤示意图如图 6-7 所示。

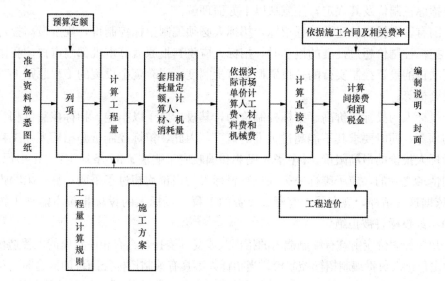

图 6-7 实物法编制施工图预算的基本步骤示意图

2. 综合单价法

综合单价法是指分项工程单价综合了直接工程费及以外的多项费用，按照单价综合的内容不同，综合单价法可分为全费用综合单价和清单综合单价。

(1) 全费用综合单价。全费用综合单价，即单价中综合了分项工程人工费、材料费、机械费，管理费、利润、规费以及有关文件规定的调价、税金以及一定范围的风险等全部费用。以各分项工程量乘以全费用单价的合价汇总后，再加上措施项目的完全价格，就生成了单位工程施工图造价。

分部分项工程全费用综合单价＝人工费＋材料费＋机械费＋管理费＋利润＋规费＋税金
建筑安装工程预算造价＝(∑分项工程量×分项工程全费用单价)＋措施项目完全价格

(2) 清单综合单价。分部分项工程清单综合单价中综合了人工费、材料费、施工机械使用费、企业管理费、利润，并考虑了一定范围的风险费用，但并未包括措施费、规费和税金，因此它是一种不完全单价。以各分部分项工程量乘以该综合单价的合价汇总后，再加上措施项目费、其他项目费、规费和税金后，即单位工程的造价。公式如下：

分部分项工程综合单价＝人工费＋材料费＋机械费＋管理费＋利润

建筑安装工程预算造价＝（∑分项工程量×分项工程综合单价）＋措施项目不完全价格＋
其他项目费＋规费＋税金

# 6.3 建设项目招标控制价及投标报价的编制

## 6.3.1 建设项目施工招标控制价的编制

### 1. 招标控制价的概念

招标控制价是招标人根据国家或省级、行业建设主管部门颁发的有关计价依据和办法，按设计施工图纸计算的，对招标工程限定的最高工程造价。有的省、市也将其称为拦标价、预算控制价或最高报价值等。

对于招标控制价及其规定，注意从以下方面理解：

（1）国有资金投资的建设工程招标，招标人必须编制招标控制价，规定最高投标限价。

（2）招标控制价超过批准的概算时，招标人应将其报原概算审批部门审核。我国对国有资金投资项目的投资控制实行的是投资概算审批制度，国有资金投资的工程原则上不能超过批准的投资概算。

（3）投标人的投标报价高于招标控制价的，其投标应予以拒绝。招标控制价相当于招标人的采购预算，同时要求其不能超过批准的概算，因此，招标控制价是招标人在工程招标时能接受投标人报价的最高限价。《中华人民共和国政府采购法》36条规定："在招标采购中，出现下列情形之一的，应予废标……（三）投标人的报价均超过了采购预算，采购人不能支付的。"依据这一精神，规定了国有资金投资的工程，投标人的投标报价不能高于招标控制价，否则，其投标将被拒绝。

（4）招标控制价应由具有编制能力的招标人或受其委托，具有相应资质的工程造价咨询人编制，应由招标人负责编制招标控制价。当招标人不具有编制招标控制价的能力时，根据《工程造价咨询企业管理办法》的规定，可委托具有工程造价咨询资质的工程造价咨询企业编制。工程造价咨询人不得同时接受招标人和投标人对同一工程的招标控制价和投标报价的编制。

（5）招标控制价应在招标文件中公布，不应上调或下浮，招标人应将招标控制价及有关资料报送工程所在地工程造价管理机构备查。这里应注意的是，招标控制价的作用决定了招标控制价不同于标底，无需保密。招标人应在招标文件中如实公布招标控制价，应公布招标控制价各组成部分的详细内容，不得只公布招标控制价总价。

（6）投标人经复核认为招标人公布的招标控制价未按照《建设工程工程量清单计价规范》的规定进行编制的，应在开标前5日向招投标监督机构或（和）工程造价管理机构投诉。招投标监督机构应会同工程造价管理机构对投诉进行处理，发现确有错误的，应责成招标人修改。

### 2. 招标控制价的编制内容

招标控制价的编制内容包括分部分项工程费、措施项目费、其他项目费、规费和税金，各个部分又不同的计价要求。

（1）分部分项工程费的编制要求（表格填写见表 6-1）。

表 6-1　　　　　　　　　　　　　分部分项工程量清单与计价表

| 序号 | 项目编码 | 项目名称 | 项目特征描述 | 计量单位 | 工程量 | 金　额 | | |
|---|---|---|---|---|---|---|---|---|
| | | | | | | 综合单价 | 合价 | 其中：暂估价 |
| | | A 土石方工程 | | | | | | |
| 1 | 010101001001 | 平整场地 | Ⅱ、Ⅲ类土综合，土方就地挖填找平 | m² | 1792 | 0.91 | 1631 | |
| | … | … | … | … | … | … | … | … |
| | 分部小计 | | | | | | 108 431 | |
| | | E 混凝土及钢筋混凝土工程 | | | | | | |
| 7 | 010416001001 | 现浇混凝土钢筋 | 螺纹钢 Q235，φ14 | t | 58 | 5857.16 | 574 002 | 490 000 |
| | … | … | … | … | … | … | … | … |
| | 分部小计 | | | | | | 1 756 852 | |

　　1）分部分项工程费应根据招标文件中的分部分项工程量清单及有关要求，按《建设工程工程量清单计价规范》有关规定确定综合单价计价。

　　2）工程量依据招标文件中提供的分部分项工程量清单确定。

　　3）招标文件提供了暂估单价的材料，应按暂估的单价计入综合单价。

　　4）招标控制价中的综合单价中应包括招标文件中要求投标人所承担的风险内容及其范围（幅度）产生的风险费用。招标文件中没有明确的，如是工程造价咨询人编制，应提请招标人明确，如是招标人编制，应予明确。

　　（2）措施项目费的编制要求。

　　措施项目中的总价项目应根据拟定的招标文件和常规施工方案按本规范第 3.1.4 条和 3.1.5 条所规定计价。

　　措施项目费计价表格见表 6-2。

表 6-2　　　　　　　　　　　　　总价措施项目清单与计价表

| 序号 | 项目名称 | 计算基础 | 费率（%） | 金额/元 |
|---|---|---|---|---|
| 1 | 安全文明施工费 | | | |
| 2 | 夜间施工费 | | | |
| 3 | 二次搬运费 | | | |
| 4 | 冬雨季施工费 | | | |
| 5 | 已完工程保护费 | | | |
| （1） | | | | |
| （2） | | | | |
| 合　计 | | | | |

　　注：1. "计算基础"中安全文明施工费可为"定额基价"、"定额人工费"或"定额人工费＋定额机械费"，其他项目可为"定额人工费"或"定额人工费＋定额机械费"。

　　　　2. 按施工方案计算的措施费，若无"计算基础"或"费率"的数值，也可只填"金额"数值，但应在备注栏说明施工方案出处或计算方法。

（3）其他项目费编制要求。

1）暂列金额。暂列金额可根据工程复杂程度、设计深度、工程环境条件（包括地质、水文、气候条件等）进行估算，一般可以分部分项工程费的 10%～15% 为参考。

2）暂估价。暂估价中的材料单价应按照工程造价管理机构发布的工程造价信息中的材料单价计算，工程造价信息未发布的材料单价，其单价参考市场价格估算；暂估价中的专业工程暂估价应分不同专业，按有关计价规定估算。

3）计日工。招标人应根据工程特点，按照列出的计日工项目和有关计价依据计算。在编制招标控制价时，对计日工中的人工单价和施工机械台班单价应按省级、行业建设主管部门或其授权的工程造价管理机构公布的单价计算；材料应按工程造价管理机构发布的工程造价信息中的材料单价计算，工程造价信息未发布材料单价的材料，其价格应按市场调查确定的单价计算。

4）总承包服务费。总成本服务费应按照省级或行业建设主管部门的规定计算，在计算时可参考以下标准：

①招标人仅要求对分包的专业工程进行总承包管理和协调时，按分包的专业工程估算造价的 1.5% 计算。

②招标人要求对分包的专业工程进行总承包管理和协调，并同时要求提供配合服务时，根据招标文件中列出的配合服务内容和提出的要求，按分包的专业工程估算造价的 3%～5% 计算。

③招标人自行供应材料的，按招标人供应材料价值的 1% 计算。

其他项目费计价表格见表 6-3。

表 6-3　　　　　　　　　　　　**其他项目清单计价汇总表**

| 序号 | 项目名称 | 计量单位 | 金额/元 | 备注 |
|---|---|---|---|---|
| 1 | 暂列金额 | 项 | 30 000 | 明细详见表（十） |
| 2 | 暂估价 | | 10 000 | |
| 2.1 | 材料暂估价 | | — | 明细详见表（十一） |
| 2.2 | 专业工程暂估价 | 项 | 10 000 | 明细详见表（十二） |
| 3 | 计日工 | | 21 600 | 明细详见表（十三） |
| 4 | 总承包服务费 | | 12 000 | 明细详见表（十四） |
| | 小　　计 | | 73 600 | |

（4）规费和税金的编制要求。规费和税金必须按国家或省级、行业建设主管部门的规定计算，表格见表 6-4。

表 6-4　　　　　　　　　　　　**规费、税金项目清单与计价表**

| 序号 | 项目名称 | 计 算 基 础 | 费率（%） | 金额/元 |
|---|---|---|---|---|
| 1 | 规费 | 定额人工费+施工使用费 | 24.72 | 25.641 |
| 1.1 | 工程排污费 | 按工程所在地环境保护部门收取标准按实计入 | | |
| 1.2 | 社会保障费 | | | |
| 1.3 | … | | | |
| 2 | 税金 | 分部分项工程费+措施项目费+其他项目费+规费+人工价差－按规定不计税的工程设备金额 | 3.41 | 262 664 |
| | （1+2）合计 | | | 484 760 |

### 6.3.2　建设项目施工投标报价的编制

1. 投标报价的概念和编制原则

（1）投标报价的概念。投标报价的编制主要是投标人对承建工程所要发生的各种费用的计算。《建设工程工程量清单计价规范》规定，"投标价是投标人投标时报出的工程造价"。具体讲，投标价是在工程招标发包过程中，由投标人按照招标文件的要求，根据工程特点，并结合自身的施工技术，装备和管理水平，依据有关计价规定自主确定的工程造价，是投标人希望达成工程承包交易的期望价格它不能高于招标人设定的招标控制价。作为投标计算的必要条件，应预先确定施工方案和施工进度，此外，投标计算还必须与采用的合同形式相协调。报价是投标的关键性工作，报价是否合理直接关系到投标的成败。

（2）投标报价的编制原则。投标报价编制原则如下：

1）投标报价由投标人自主确定，但必须执行《建设工程工程量清单计价规范》（GB 50500—2013）的强制性规定。投标价应由投标人或受其委托，具有相应资质的工程造价咨询人员编制。

2）投标人的投标报价不得低于成本。《中华人民共和国反不正当竞争法》第十一条规定："经营者不得以排挤竞争对手为目的，以低于成本的价格销售相片。"《中华人民共和国招标投标法》第四十一条规定："中标人的投标应当符合下列条件……（二）能够满足招标文件的实质性要求，并且经评审的投标价格最低；但是投标价格低于成本的除外。"《评标委员会和评标方法暂行规定》第二十一条规定："在评标过程中，评标委员会发现投标人的报价明显低于其他投标报价或在设有标底时明显低于标底的，使得其投标报价可能低于其个别人成本的，应当要求该投标人做出书面说明并提供相关证明材料。投标人不能合理说明或不能提供相关证明材料的，由评标委员会认定该投标人以低于成本报价竞争，其投标应作为废标处理。"根据上述法律、规章的规定，特别要求投标人的投标报价不得低于成本。

3）投标报价要招标文件中设定的承发包双方责任划分，作为考虑投标报价费用项目和费用计算的基础。承发包双方的责任划分不同，会导致合同风险不同的分摊，从而导致投标人选择不同的报价。根据工程承发包模式考虑投标报价的费用内容和计算深度。

4）以施工方案、技术措施等作为投标报价计算的基本条件；以反映企业技术和管理水平的企业定额为计算人工、材料和机械台班消耗量的基本依据；充分利用现场考察、调研成果、市场价格信息和行情资料，编制基础标价。

5）报价计算方法要科学严谨，简明适用。

2. 投标报价的编制方法和内容

投标报价的编制过程，应首先根据招标人提供的工程量清单编制分部分项工程量清单计价表、措施项目清单计价表、其他项目清单计价表、规费、税金项目清单计价表，计算完毕之后，汇总而得到单位工程投标报价汇总表，再层层汇总，分别得出单项工程投标报价汇总表和工程项目投标总价汇总表。在编制过程中，投标人应按招标人提供的工程量清单填报价格。填写的项目编码、项目名称、项目特征、计量单位、工程量必须与招标人提供的一致。

（1）分部分项工程量清单与计价表的编制。承办人投标价中的分部分项工程费应按招标文件中分部分项工程量清单项目的特征描述确定综合单价的计算。因此，确定综合单价是分部分项工程工程量清单与计价表编制过程中最主要的内容。

分部分项工程综合单价，包括完成单位分部分项工程所需的人工费、材料费、机械使用费、管理费、利润，并考虑风险费用的分摊。确定分部分项工程综合单价时应注意以下事项：

1）以项目特征描述为依据。确定分部分项工程量清单项目综合单价最重要的依据之一是该清单项目的特征描述，投标人投标报价时应依据招标文件中分部分项工程量清单项目的特征描述确定清单项目的综合单价。在招投标过程中，当出现招标文件中分部分项工程量清单特征描述与设计图纸不符时，投标人应以分部分项工程量清单的项目特征描述为准，确定投标报价的综合单价。当施工中施工图纸或设计变更与工程量清单项目特征描述不一致时，发、承包双方应按实际施工的项目特征，依据合同约定重新确定综合单价。

2）材料暂估价的处理。招标文件中在其他项目清单中提供了暂估单价的材料，应按其暂估的单价计入分部分项工程量清单项目的综合单价中。

3）应包括承办人承担的合理风险。招标文件中要求投标人承担的风险费用，投标人应考虑进入综合单价。在施工过程中，当出现的风险内容及其范围（幅度）在招标文件规定范围（幅度）内时，综合单价不得变动，工程价款不作调整。

（2）措施项目清单与计价表的编制。

1）措施项目的内容应依据招标人提供的措施项目清单和投标人投标时拟定的施工组织设计或施工方案。

2）措施项目费由投标人自主确定，但其中安全文明施工费必须按国家或省级行业建设主管部门的规定确定。

（3）其他项目清单与计价表的编制。其他项目费主要包括暂列金额、暂估价、计日工以及总承包服务费组成。投标人对其他项目费投标报价时应遵循以下原则：

1）暂列金额应按照其他项目清单中列出的金额填写，不得变动。

2）暂估价不得变动和更改。材料暂估价和专业工程暂估价均由招标人提供，为暂估价格。

3）计日工应按其他项目清单列出的项目和估算的数量，自主确定各项综合单价并计算费用。

4）总承包服务费应根据招标人在招标文件中列出的分包专业工程内容和供应材料，设备情况，按照招标人提出的协调、配合与服务要求和施工现场管理需要自主确定。

（4）规费、税金项目清单与计价表的编制。规费和税金应按国家或省级、行业建设主管部门的规定计算，不得作为竞争性费用。

（5）投标价的汇总。投标人的投标总价应当与组成工程量清单的分部分项工程费、措施项目费、其他项目费和规费、税金的合计金额相一致，即投标人在进行工程量清单招标的投标报价时，不能进行投标总价优惠（或降价、让利），投标人对投标报价的任何优惠（或降价、让利）均应反映在相应清单项目的综合单价中。

（6）招标工程量清单与计价表中列明的所有需要填写单价和合价的项目，投标人均应填写，只允许有一个报价。未填写单价和合价的项目，可视为此项目费用已包含在已标价工程量清单中，其他项目的单价和合价之中。当竣工结算时，此项目不得重新组价予以调整。

# 6.4 工程量计算方法

## 6.4.1 工程量的含义

无论是定额计价法还是工程量清单计价法，工程量的计算都是重点，因为工程量工作涉及的知识面宽，计算的依据较多，花的时间较长，技术含量较高。

工程量是指以物理计量单位或自然计量单位所表示的建筑工程各个分项工程或结构构件的实物数量。物理计量单位是指以度量表示的长度、面积、体积和重量等计量单位；自然计量单位指建筑成品表现在自然状态下的实物数量所表示的个、条、樘、块等计量单位。

预算造价计算是否准确主要取决于两个因素：一是分项工程单价，二是分项工程量。其中，工程量的计算是预算工作的基础和重要组成部分，而且在整个施工图预算编制过程中是最繁重的一道工序，直接影响到预算的及时性和正确性。因此必须正确计算工程量，才能保证预算的质量。

## 6.4.2 工程量计算的一般步骤

1. 根据工程设计内容和定额项目，列出计算工程量的分部分项工程名称

在计算工程量前，首先需要排列分项工程，避免盲目和凌乱的状况，使计算工作有条不紊地进行，更可避免漏项和重项。

排列分项可按分部顺序、分部内分项顺序进行。列完分项后，再按建筑物由下到上逐一校验有无漏项。排列分项可以在草稿上进行，对于熟练的预算人员可以直接在预算书上进行。分项工程名称应与定额一致，如简写时也要反映其主要名称。列分项的同时，可标出定额编号，便于以后套用定额。定额缺项要作补充时，应在所属分部顺序位置，写出补充定额的分项工程名称。

2. 根据一定的计算顺序和计算规则，列出计算式

计算工程量时，应依施工图纸顺序，分部分项依次计算，并尽可能采用计算表格，简化计算过程。

（1）工程量计算总体顺序一般可以按定额顺序或按施工顺序计算。一般情况下，工程量计算的排列顺序是定额项目的排列顺序。有时为了方便，计算顺序与定额顺序不一定相同，但在计算出工程量结果后，仍要按照定额项目顺序进行调整，便于查找相应的预算单价，防止错算、漏项等。

（2）计算每一分项工程工程量时，也应按一定的顺序进行。通常采用下列几种方法：

1）从图纸左上角开始，按顺时针方向依次计算。例如计算外墙、地面、天棚等工程量时，都可以采用此法，如图 6-8 所示。

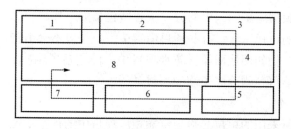

图 6-8 顺时针方向计算地面示意图

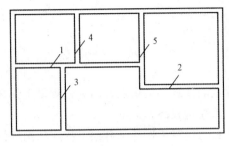

图 6-9　横竖计算内墙示意图

2）按先横后直、先上后下、先左后右的顺序计算。例如计算内墙、内墙基础、间隔墙等工程量时，各段墙都互相交错，可采用此顺序计算，如图 6-9 所示。

3）按图纸上所注构件、配件的编号顺序进行计算。例如计算钢筋混凝土构件、门、窗、屋架等工程量时，都可以按照这种顺序计算，如图 6-10 所示。

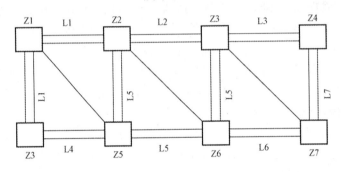

图 6-10　编号顺序计算柱、梁示意图

工程量计算过程中，如发现原先排列的分项工程项目有漏项，应随时补充列项，随时计算。

3. 根据施工图纸上的设计尺寸及有关数据，代入计算式进行数值计算

计算式要求清晰明了，式子不宜过长。对于太长的计算式，要求分步骤写明计算位置，这样方便核实对量，提高工作效率。

4. 进行工程量的整理与复核

工程量计算完毕，要进行一次系统的整理。整理是将计算好的工程量按照定额分部分项的顺序，在预算书上列项目，相同项目，套用同一定额编号的，可以合并"同类项"，减少项目的重复，从而减少反复查找定额的时间，提高工作效率。

经过整理的工程量还要进行复核。复核，就是预算人员将工程量计算结果在使用前进行一次认真的检验。发现问题，及时纠正，保证工程量的准确无误。

### 6.4.3　计算工程量的原则

在工程量计算过程中，为了防止错算、漏算和重算，还应遵循下列原则：

1. 计算口径要一致

计算工程量时，根据施工图列出的分项工程所包括的工作内容和范围，必须与所套预算定额中相应分项工程的口径一致。有些项目内容单一，一般不会出错，有些项目综合了几项内容，则应加以注意。例如楼地面卷材防水项目中，已包括了刷冷底子油一遍的工作内容，计算工程量时，就不能再列刷冷底子油的项目。

2. 计量单位要一致

计算工程量时，所采用的单位必须与定额相应项目中的计量单位一致。如现浇混凝土独立基础定额单位为 $10m^3$，则在计算工程量时要以 $m^3$ 为单位，不能计算为 m 或 $m^2$，而且定

额中的计量单位常为普通计量单位的整倍数，如 10m、$10m^2$、$10m^3$ 等，计算时还应注意计量单位的换算。

### 3. 计算规则与定额规定一致

预算定额的各分部都列有工程量计算规则，计算中必须严格遵循这些规则，才能保证工程量的准确性。例如楼地面整体面层按主墙间净空面积计算，而块料面积按饰面的实铺面积计算。

### 4. 工程量计算必须与设计图纸相一致

设计图纸是计算工程量的依据，工程量计算项目应与图纸规定的内容保持一致，不得随意修改内容去高套或低套定额。

### 5. 工程量计算必须准确

在计算工程量时，必须严格按照图纸所示尺寸计算，不得任意加大或缩小。如不能以轴线长作为内墙净长。各种数据在工程量计算过程中一般保留三位小数，计算结果通常保留两位小数，以保证计算的精度。

#### 6.4.4　统筹法计算工程量的原理

实践证明，每个分项工程量计算虽有各自的特点，但都离不开计算"线"、"面"之类的基数，它们在整个工程量计算中常常要反复多次使用。因此，根据这个特性和预算定额的规定，运用统筹法原理，对每个分项工程的工程量进行分析，然后依据计算过程的内在联系，教案先主后次，统筹安排计算程序，从而简化了烦琐的计算，形成了统筹计算工程量的计算方法。

#### 1. 利用基数，连续计算

就是以"线"或"面"为基数，利用连乘或加减，算出与它有关的分项工程量。基数就是以"线"或"面"表示的长度和面积。

(1)"线"是按建筑物平面图中所示的外墙和内墙的中心线和外边线。"线"分为外墙中心线、内墙净长线和外墙外边线。

外墙中心线：代号 $L_{中}$，总长度 $L_{中}=L_{外}-$墙厚$×4$，适用于下列项目的工程量的计算外墙基挖地槽、基础垫层、基础砌筑、墙基防潮层、基础梁、圈梁、墙身砌筑等分项工程量计算。

内墙净长线：代号 $L_{内}$，总长度 $L_{内}=$建筑平面图中所有内墙净长度之和，适用于内墙基挖地槽、基础垫层、基础砌筑、墙基防潮层、基础梁、圈梁、墙身砌筑、墙身抹灰等分项工程量计算。

外墙外边线：代号 $L_{外}$，总长度 $L_{外}=$建筑平面图的外围周长之和，适用于勒脚、腰线、勾缝、外墙抹灰、散水等分项工程。

(2)"面"是指建筑物的底层建筑面积，用 $S$ 表示，要结合建筑物的造型而定。"面"的面积按图纸计算：

底层建筑面积 $S=$建筑物底层平面图勒脚以上结构的外围水平投影面积

与"面"有关的计算项目有：平整场地、地面、楼面、屋面和天棚等分项工程。

【例 6-1】　计算图 6-11 中的三线。

解　$L_{外}=(6+0.24+8+0.24)×2=28.96m$

$L_{中}=(6+8)×2=28=28.96-4×0.24$

$L_内 = 6 - 0.24 = 5.76\text{m}$

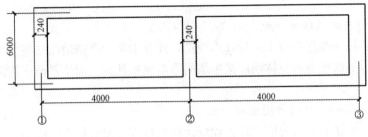

图 6-11　　[例 6-1]图

2. 统筹程序，合理安排

工程量计算程序的安排是否合理，关系着预算工作的效率高低、进度快慢。预算工程量的计算，按以往的习惯，大多数是按施工程序或定额顺序进行的。因为预算有预算程序的规律，违背它的规律，势必造成繁琐计算，浪费时间和精力。统筹程序，合理安排，可克服用老方法计算工程量的缺陷。因为按施工顺序或定额顺序逐项进行工程量计算，不仅会造成计算上的重复，而且有时还易出现计算差错。如室内地面工程包括室内回填土、地面垫层和地面面层三道工序，计算顺序如图 6-12 所示。

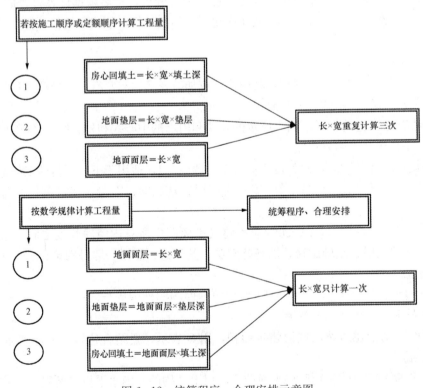

图 6-12　统筹程序、合理安排示意图

3. 一次算出，多次应用

对于那些不能用"线"和"面"基数进行连续计算的项目，如木门窗、屋架、钢筋混凝土预制标准构件、土方放坡断面系数等，事先组织力量，将常用数一次算出，汇编成建筑工程量计算手册。当需计算有关的工程量时，只要查手册就能很快算出所需要的工程量来。这样可以减少以往那种按图逐项地进行繁琐而重复的计算，也能保证准确性。

**4. 结合实际，灵活机动**

用"线"、"面"、"册"计算工程量，只是一般常用的工程量计算基本方法。实践证明，在一般工程上完全可以利用。但在特殊工程上，由于基础断面、墙宽和砂浆等级和各楼层的面积不同，就不能完全用线或面的一个数作基数，而必须结合实际情况灵活地计算。

（1）分段法。例如基础砌体断面不同时，采用分开线段计算的方法。假设有三个不同的断面：Ⅰ断面、Ⅱ断面、Ⅲ断面。则基础砌体工程量为：$L_{中Ⅰ} \times S_Ⅰ + L_{中Ⅱ} \times S_Ⅱ + L_{中Ⅲ} \times S_Ⅲ$。

（2）补加法。例如散水宽度不同时，进行补加计算的方法。假设前后墙散水宽度 2m，两山墙散水宽度 1.50m，那么首先按 1.50m 计算，再将前后墙 0.5m 散水宽度进行补加。

（3）联合法。用"线"和"面"基数既套不上又串不起来的工程量，可以用以下两个方法联合进行计算。

1）用"列表查册法"计算。如"门窗工程量明细计算表"、"钢筋混凝土预制构件工程量明细表"等，利用这两张表可查出与它有关的项目和数量。

2）按图纸尺寸"实际计算"。

## 小　结

本章首先介绍了建设工程在定额计价和工程量清单计价两种计价模式中的计价程序及定额计价和工程量清单计价之间的区别和联系；接着介绍了施工图预算的定义、作用、编制依据，重点介绍了工料单价法和综合单价法两种计价方法编制施工图预算的基本步骤；其次介绍了招标控制价和投标报价的概念、作用及编制内容；最后介绍了工程量的定义、计算工程量的步骤，重点说明了统筹法计算工程量的原理。

## 习　题

1. 什么是工程计价？工程计价的方法有哪些，各有什么特点？
2. 定额计价与工程量清单计价的关系是什么？
3. 施工图预算编制方法有哪些？
4. 预算单价法与实物法的区别是什么？
5. 什么是招标控制价，招标控制价应由谁编制？
6. 招标控制价与标底的区别是什么？
7. 综合单价由哪些费用组成？
8. 统筹法中计算工程量的方法有哪些？
9. 什么是暂列金额？暂列金额与材料暂估价的区别是什么？
10. 投标报价的编制原则有哪些？

# 第7章 职 业 道 德

本章学习目标

1. 了解职业道德的概念及特点。
2. 熟悉造价从业人员的岗位要求及执业目标。
3. 熟悉造价从业人员道德风险的内容及风险的控制。
4. 熟悉造价从业人员职业道德规范要求。

## 7.1 造价工作人员职业道德概论

### 7.1.1 职业道德的定义

职业道德是属于职业范围内的特殊道德要求。所谓职业道德就是社会一般道德要求在职业活动中的具体体现，直接地反映着社会道德的要求和道德面貌，它是在职业活动中应该遵循的，依靠社会舆论、传统习惯和内心信念来维持的行为规范的总和。职业道德是在人类的社会实践中形成和发展起来的。人们在从事各种职业活动中，在认识自然、社会的同时，也认识了人与人之间、个人与社会之间的道德关系，逐步形成了自己与职业实践相联系的道德心理、道德观念、道德标准和道德理想。职业道德是特定职业领域的劳动者均须自觉遵守的行为准则，并以此来规范自己的言行，保障职业活动的正常进行与发展。职业道德就是融入职业行为中，从而具有职业特点的道德。

### 7.1.2 职业道德的特点

职业道德具有以下八个方面的特点：

（1）职业道德是一种职业规范，受社会普遍的认可。

（2）职业道德是长期以来自然形成的。

（3）职业道德没有确定形式，通常体现为观念、习惯、信念等。

（4）职业道德依靠文化、内心信念和习惯，通过员工的自律实现。

（5）职业道德大多数没有实质的约束力和强制力。

（6）职业道德是对员工义务的要求。

（7）职业道德标准多元化，代表了不同企业可能具有不同的价值观。

（8）职业道德承载着企业文化和凝聚力，影响深远。

### 7.1.3 造价工作人员的岗位及职责范围

1. 造价工作人员的执业特点

（1）造价工程师。注册造价工程师是指通过全国造价工程师执业资格统一考试或者资格认定、资格互认，取得中华人民共和国造价工程师执业资格，并按照《注册造价工程师管理办法》（建设部第150号令）注册，取得中华人民共和国造价工程师注册执业证书和执业印章，从事工程造价活动的专业人员。未取得注册证书和执业印章的人员，不得以注册造价工程师的名义从事工程造价活动。

（2）造价员。造价员是指通过考试，取得《建设工程造价员资格证书》，从事工程造价业务的人员。为加强对建设工程造价员的管理，规范建设工程造价员的从业行为和提高其业务水平，中国建设工程造价管理协会制定并发布了《建设工程造价员管理暂行办法》（中价协〔2006〕013号）。

2. 造价工作人员的执业目标

造价工程师和造价员的执业目标主要是提高建设工程造价管理水平，维护国家和社会公共利益。对此应从两方面去理解。

一是造价工程师或造价员受有关部门和单位的委托为委托方提供工程造价成果文件，在具体执行业务时，必须始终要牢记的一个宗旨是，对工程造价进行合理确定和有效控制，通过合理确定和有效控制工程造价达到不断提高建设工程造价管理水平；其次，通过造价工程师或造价员在执业中提供的工程造价成果文件达到维护国家和社会公共利益，这就是造价工程师和造价员执行任务的根本目的。造价工程师和造价员向所在单位或向委托方提供工程造价成果文件应服从于造价工程师和造价员执行任务的根本目的，任何有损于工程造价的合理确定和有效控制的正确实施，有损于国家和社会公共利益的不正确计价行为的活动，都是与造价工程师及造价员的执业目标不符合的。如果发生违反上述规定的行为，造价工程师和造价员要承担相应的法律责任。

二是保证工程造价的合理确定和有效控制与维护国家和社会公共利益的一致性。其一，造价工程师不管接受来自于任何方面的指令，在执行具体任务时必须首先站在科学、公正的立场上，通过所提供的准确的工程造价成果文件来维护国家、社会公共利益和当事人的合法权益，不能不讲职业道德，受利益驱动，片面迎合委托方的意愿，高估冒算或压价，甚至利用不正当的手段谋求利益；其二，造价工程师必须通过维护国家、社会公共利益和当事人双方的合法权益，保证工程造价成果文件的顺利实施，而不能盲目地听从领导的意见，使来自行政的干预和其他干预损害当事人的合法权益。

### 7.1.4 造价工作人员职业道德风险的产生与控制

造价工程师和造价员在执业过程中，面临着两大类风险。一是使用自身专业知识和技能时，必须十分谨慎、小心，表达自身意见必须明确，处理问题必须客观、公正。同时，必须廉洁自律，洁身自爱，勇于承担对社会、对职业的责任，在工程利益和社会公众的利益相冲突时，优先服从社会公众的利益；在造价工程师和造价员的自身利益和工程利益不一致时，必须以工程利益为重。如果造价工程师或造价员不能遵守职业道德的约束，自私自利，敷衍了事，回避问题，甚至为谋求私利偏袒一方而损害工程利益，这都将使造价工程师和造价员面对相应的风险。二是，业务相关的其他方面的职业道德也会给造价工程师和造价员带来风险。例如，在工程建设中，承包方由于道德低下故意欺骗、弄虚作假、偷工减料，或建设方人员损公肥私等行为都会对工程造成经济损失，也就是给造价工程师带来风险。其中，承包方的职业道德低下带来的风险对于造价工程师来说是最难控制的，因此，造价工程师和造价员应在造价工作中除加强自身职业道德约束外，还应对承包方进行重点监督，加强对其职业道德的约束，防范这方面的风险。同样，对于供应商等其他第三方的监督也同样重要。对造价工程师职业道德风险的防范可以用图 7-1 来表示。

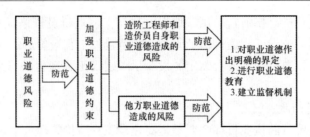

图 7-1　造价工程师职业道德风险的防范

# 7.2　工程造价从业人员职业道德规范

### 7.2.1　造价从业人员职业道德规范的要求

1. 建设工程行业道德规范基本指标

由于造价从业人员在职责范围、职业特点等方面不同于会计、律师及保险代理人，作为工程建设领域中的造价从业人员职业道德规范的基本要求也应该反映其他工程从业人员的道德规范要求，具体见表 7-1。

表 7-1　　　　　　　　　　建设工程行业从业人员职业守则分析

| 专业人员类别 | 职　业　守　则 | 道德规范指标 |
| --- | --- | --- |
| 监理工程师 | 忠于法律 | 遵纪守法 |
| | 诚实守信<br>维护委托人利益 | 社会责任<br>服务意识 |
| | 注重职业修养<br>保守秘密<br>提高执业水平<br>勤勉尽责<br>公平竞争<br>同业互助 | 职业精神 |
| 土木工程师 | 依法办事<br>对公司忠诚 | 遵纪守法 |
| | 注重公众、社会责任 | 社会责任 |
| | 开拓创新，与时俱进<br>团结协作，顾全大局<br>诚实守信 | 职业精神 |
| FIDIC 合同条款中涉及的专业人士 | 接受对社会的职业责任<br>在提供职业咨询、评审或决策时不偏不倚 | 社会责任 |
| | 保持其知识和技能与技术、法规、管理的发展相一致的水平，对于委托人要求的服务采用相应的技能<br>通知委托人在行使其委托权时可能引起的任何潜在的利益冲突<br>为委托人的合法权益行使其职责，并且正直和忠诚地进行职业服务<br>不接受可能导致判断不公的报酬<br>在任何时候，维护职业的尊严、名誉和荣誉 | 职业精神<br>服务意识 |

## 2. 建设工程行业专业技能要求

工程造价从业人员职业道德规范体系的建立，除了参考以上道德规范的基本指标——社会责任、职业精神、遵纪守法、服务意识外，还需挖掘本行业的特有属性，结合同行业的职业守则建立新的职业道德规范指标，将新旧指标结合起来完善工程造价从业人员的职业道德规范。

现根据建设工程行业中的监理工程师、土木工程师的职责范围对其从业人员进行职业化分析，挖掘建设工程行业职业范围与专业技能的对应关系，将专业节能作为反映工程造价从业人员的职业道德规范的又一个指标，具体见表 7 - 2。

表 7 - 2　　　　　　　　　　建设工程行业职责范围与专业技能对应表

| 专业人员类别 | 执业特点 | 职 责 范 围 | 专业素质要求 | 专业技能指标 |
|---|---|---|---|---|
| 监理工程师 | 执业范围广泛 执业技能全面 执业责任重大 执业内容复杂 | 尽职尽责地完成监理工作 组织、指导、检查和监督本专业监理员的工作 认真审核施工图纸，参加施工图会审及设计交底，积极提出审核意见 参加监理工作会议及专业专题答疑，在充分调查研究的基础上提出处理建议 负责完成监理月报、监理规划、专题报告、工程阶段总结、竣工总结等文件或职务分工有关部分内容的编写 定期向总监理工程师提交本专业监理工作实施情况报告 填写专业监理工程师监理工作日记 | 具备较高的工程专业学历和复合型的知识结构 | 高素质的复合型专业人才 |
| | | 坚持现场巡视 处理一般性质量问题，参加重大工程事故的调查处理 参加本专业分部、分项工程的验收和质量验评 | 具有丰富的工程建设实践经验 | 实践技能 |
| 土木工程师 | 执业知识广泛 执业技能全面 执业责任重大 执业内容复杂 | 研究工程项目，勘察施工地址 | 丰富的现场监督经验 | 实践技能 |
| | | 计算、设计建筑结构并编制成本概要、施工计划和规格说明 确定材料的种类、施工设备等 研究与开发在特殊地质条件和困难施工条件下新的施工方法 | 熟悉土木工程行业专业知识、技术规范，施工工艺及工程造价的预决算方法，并能独立完成实践操作 | 技术技能 |
| | | 编制工程进度表，并指导施工 | 具有较强的图纸审核、工程管理和计算机操作技能 | 技术技能 |
| | | 计划、组织和监督建筑物的维护和修理 对建筑施工进行监督检查 | 具备良好的组织管理能力、临场应变能力、分析规划能力、统筹协调能力、沟通表达能力 | 观念技能 人文技能 |

　　工程造价从业人员职业道德规范的建立，首先根据工程从业人员已有道德规范要求对其道德素质要求对应的道德规范指标进行划分，将工程造价从业人员职业作风、职业纪律划分到职业精神的范畴，而后将职业精神、遵纪守法、社会责任、服务意识等归结为基本道德素养。

　　通过对工程造价从业人员的职业范围研究，首先推导出其对应的专业素质要求，从而进一步总结专业技能指标作为工程造价从业人员职业道德规范中的另外组成部分，最终得出结论：工程造价从业人员首先应该是复合型的专业管理人才，同时具备较强的技术技能、人文技能、观念技能等。

### 7.2.2　造价工程师职业道德规范的内容

#### 1. 造价从业人员职业道德规范的要求

　　（1）在内容方面。工程造价从业人员职业道德要鲜明地表达出其在执业范围、职业行为及职业责任上的道德准则，它不是一般地反映社会道德的要求，而是要反映建设行业产业特殊利益的要求；它不是在一般意义上的社会实践基础上形成的，而是在造价工程师执业过程中形成的，因而它往往表现为工程造价从业人员这一职业特有的道德传统和道德习惯。

　　（2）在表现形式方面。工程造价从业人员职业道德往往比较具体。它一般是从本职业的交流活动的实际出发，采用制度、守则、公约、承诺、誓言、条例甚至标语口号等形式，这些灵活的形式既易于为造价从业人员所接受和实行，而且易于形成一种职业的道德习惯。

　　（3）从调节的范围来看。工程造价从业人员职业道德一方面是用来调节造价从业人员内部关系，加强造价从业人员职业、建设行业内部人员的凝聚力；另一方面，它也是用来调节造价从业人员与其服务对象之间的关系，用来塑造造价从业人员的形象。

　　（4）从产生的效果来看。工程造价从业人员的职业道德能使一定的社会道德原则和规范职业化，又能使个人道德品质成熟化。工程造价从业人员职业道德主要表现在造价工程师的意识和行为中，是道德意识和道德行为成熟的阶段。它要求与造价工程师的职业活动相结合，具有较强的稳定性和连续性，形成比较稳定的职业心理和职业习惯，以致在很大程度上改变造价工程造价人员在生活和工作中所形成的品行，影响道德主体的道德风貌。

#### 2. 造价从业人员职业道德规范的内容

　　造价从业人员职业道德规范主要包括基本道德素养和专业技能要求两方面。

　　（1）工程造价从业人员应具有的基本道德素养。

　　1）遵纪守法。遵纪守法是从基本道德素养出发对造价从业人员进行职业道德约束的基本要求。遵纪守法是每个公民应尽的社会责任和道德义务，造价从业人员作为建设工程领域重要的专业人才，更应该遵守国家法律、法规和政策，执行行业自律性规定，珍惜职业声誉，自觉维护国家和社会公共利益以及当事人的合法利益。例如，工程造价从业人员在执业过程中，必须不折不扣地贯彻执行《建筑法》、《合同法》和《招标投标法》等国家的法律法规和工程造价管理的有关规定，遵纪守法地完成任务。

　　2）具有强烈的社会责任感。社会责任感是指在一个特定的社会里，每个人在心里和感觉上对其他人的关怀和义务。社会责任感作为一种道德情感，是一个人对国家、集体以及他人所承担的道德责任。造价从业人员维护的是国家和社会的公共利益以及当事人的合法权益，能否树立强烈的社会责任感，不仅关系个体理想信念的实践，更与国家前途和社会稳定相关。

第一，造价从业人员应遵守"诚实、公正、敬业、进取"的原则，以高质量的服务和优秀的业绩赢得社会和客户对造价从业人员的尊重。例如，造价从业人员在执行审计工作时，必须坚持客观、公正、合理和实事求是的原则，为客户提供高质量的服务。

第二，维护委托方和社会公众利益。例如，造价从业人员在执业过程中，要维护自身的荣誉和尊严，要团结互助、真诚待人，全心全意地为雇主、委托人和公众服务。

第三，诚实守信，尽职尽责，不得有欺诈、伪造、作假等行为。例如造价从业人员干什么工程，执行什么专业定额和编制办法、取费标准，不得乱来和弄虚作假。

3）具备较强的服务意识。勤奋工作，独立、客观、公正地出具工程造价成果文件，使客户满意。例如，在造价咨询活动中，造价从业人员要勤奋、独立，不以权谋私，公正、准确地运用计价依据，标准规定，确保咨询成果的质量，增强服务意识。

4）具有一定的职业精神。职业精神是与人们的职业活动紧密联系、具有自身职业特征的精神。社会主义职业精神是社会主义精神体系的重要组成部分，其本质是为人民服务。遵守造价从业人员职业精神，是做一名合格造价从业人员的基本要求。造价从业人员的职业精神主要包括职业纪律和职业作风两个方面。

①造价从业人员职业纪律要求：造价从业人员与委托方有利害关系的应当回避，委托方有权要求其回避；知悉客户的技术和商业秘密，负有保密义务；接受国家和行业自律性组织对其职业道德行为的监督检查。

②造价从业人员职业作风要求：尊重同行，公平竞争，搞好同行之间的关系，不得采取不正当的手段损害、侵犯同行的权益；廉洁自律，不得索取、收受委托合同约定以外的礼金和其他财务，不得利用职务之便谋取其他不正当的利益。

（2）造价从业人员应具有的专业素质要求。

1）造价从业人员应是复合型的专业人才。作为建设领域工程造价的从业者，造价从业人员应是具备工程、经济和管理知识与实践经验的高素质复合型专业人才。

2）造价从业人员应具备技术技能。技术技能是指运用有经验、知识、方法、技能及设备，来完成特定任务的能力。造价从业人员应掌握与建筑经济管理相关的金融投资知识、相关法律、法规和政策；工程造价管理理论及相关计价依据应用；建筑施工技术知识；信息化管理的知识等。同时，在实际工作中应能运用以上知识与技能进行方案的经济比选；编制投资估算、设计概算和施工图预算；编制招标控制价和投标报价；编制补充定额和造价指数；进行合同价结算和竣工决算，并对项目造价变动规律和趋势进行分析和预测。

3）造价从业人员应具备人文技能。人文是指与人共事的能力和判断力。造价从业人员应具有高度的责任心与协作精神，善于与业务有关的各方面人员沟通、协作，共同完成对项目造价目标的控制与管理。

4）造价从业人员应具备观念技能。观念技能是指了解整个组织及自己在组织中地位的能力，使自己不仅能按本身所属的群体目标行事，而且能按整个组织的目标行事。造价从业人员应有一定的组织管理能力，同时具有面对各种机遇与挑战、积极进取，勇于开拓的精神。

## 小　结

本章首先介绍了职业道德的定义、特点及造价工作人员的岗位要求、执业目标、职业道德风险的产生与如何控制职业道德风险；其次介绍了造价从业人员的职业道德规范的相关内容，重点从基本道德素养和专业技能要求两个方面进行说明。

## 习　题

1. 什么是职业道德，有何特点？
2. 造价工作人员的岗位有哪几种？各岗位应具有的执业资格是什么？
3. 什么是造价从业人员的执业目标？
4. 从事造价工作的人员在执业过程中面临哪些风险？应如何防范？
5. 监理工程师的职业守则和专业技能有哪些？
6. 什么是社会责任感？造价从业人员的社会责任感有哪些？
7. 什么是职业精神？造价从业人员的职业精神包括哪几个方面？
8. 造价从业人员应具备的专业素质有哪些？

# 参 考 文 献

[1] 何辉等. 工程建设定额原理与务实. 北京：中国建筑工业出版社，2008.

[2] 华均. 建筑工程计价与投资控制. 北京：中国建筑工业出版社，2006.

[3] 规范编制组. 2013 建设工程计价计量规范辅导. 北京：中国计划出版社，2013.

[4] 湖北省建设工程标准定额管理总站. 湖北省建筑安装工程费用定额（2013 版）. 武汉：长江出版社，2013.

[5] 湖北省建设工程标准定额管理总站. 湖北省建设公共专业消耗量定额及基价表（土石方、地基处理、桩基础、预拌砂浆）(2013 版). 武汉：长江出版社，2013.

[6] 湖北省建设工程标准定额管理总站. 湖北省房屋建筑与装饰工程消耗量定额及基价表（结构屋面）(2013 版). 武汉：长江出版社，2013.

[7] 湖北省建设工程标准定额管理总站. 湖北省房屋建筑与装饰工程消耗量定额及基价表（装饰装修）(2013 版). 武汉：长江出版社，2013.

[8] 造价师执业资格考试培训教材编审组. 工程造价计价与控制（2009 版）. 北京：中国计划出版社，2009.

[9] 造价师执业资格考试培训教材编审组. 工程造价管理基础理论与相关法规（2009 版）. 北京：中国计划出版社，2009.